海绵城市建设中的
绿色雨水基础设施

王思思　杨　珂　车　伍　李俊奇　等著

中国建筑工业出版社

图书在版编目（CIP）数据

海绵城市建设中的绿色雨水基础设施/王思思等著. —北京：
中国建筑工业出版社，2019.3
ISBN 978-7-112-23191-1

Ⅰ.①海… Ⅱ.①王… Ⅲ.①城市—雨水资源—水资源管
理—基础设施建设—研究 Ⅳ.①TU984

中国版本图书馆CIP数据核字（2019）第010742号

责任编辑：段　宁
责任校对：姜小莲

海绵城市建设中的绿色雨水基础设施

王思思　杨　珂　车　伍　李俊奇　等著

*
中国建筑工业出版社出版、发行（北京海淀三里河路9号）
各地新华书店、建筑书店经销
北京京点图文设计有限公司制版
北京缤索印刷有限公司印刷
*
开本：787×1092毫米　1/16　印张：14¼　字数：261千字
2019年8月第一版　2019年8月第一次印刷
定价：83.00元
ISBN 978-7-112-23191-1
　　（33265）

前　言

　　水之于城市——既是滋养土地、维系经济发展的生命之源，又是带来洪涝灾害的自然隐患，也是城市景观中不可或缺、最为灵动的设计要素。因此，如何将城市建设发展与水系的保护、修复、治理有机协调，将绿色基础设施与灰色基础设施协同和综合应用，更好地做到遵循自然、适应自然、修复自然，是城市生态环境治理所面临的关键问题。

　　但与此同时，我们又不得不充分意识到城乡水危机的复杂性和严峻性：（1）水资源短缺与洪涝灾害肆虐交替发生，雨水资源大量流失；（2）各类点源和面源排放造成水环境污染、水资源短缺和水生态系统严重退化；（3）片面追求大水面及绿地的装点美化效果，忽视了其作为生态系统组成要素和城市绿色海绵体的基本功能；（4）城市河道硬化、渠化，水泥衬底，过度依靠灰色基础设施和工程的手段来解决防洪和排涝的问题，水体黑臭，人与河岸关系紧张而疏离。

　　面对如此复杂而紧迫的水资源、水环境问题，国家先后提出了"节水优先、空间均衡、系统治理、两手发力"的治水思路，以及建设"自然积存、自然渗透、自然净化的海绵城市"的目标。无论是海绵城市，还是"山水林田湖草"生命共同体，都特别需要将城乡作为一个有生命的整体来看待，要求防洪与排水系统、园林绿地系统、道路系统、建筑小区系统进行整体规划、建设与管理。这也给各个专业带来了全新的挑战与机遇。

　　绿地是城市最重要的透水性下垫面，也是城市生态系统的重要组成部分，应发挥其调节城市水文循环、缓解水生态危机的作用。从发达国家走过的道路来看，将城市绿地与城市雨洪管理、水系治理相结合，已经成为 20 世纪 80 年代以来的大趋势。欧美国家先后提出了低影响开发（Low Impact Development）、水敏感性城市设计（Water Sensitive Urban Design）、绿色雨水基础设施（Green Stormwater Infrastructure）等管理理念与技术体系，并展开了广泛的研究与实践。这些将景观设计与水环境管理精妙结合的项目，在近几年国际景观设计师学会（IFLA）、美国景观设计师学会（ASLA）的获奖作品中屡屡出现，有相当比例的项目与湿地修复、水系治理、雨洪管理密切相关。

　　但在我国城乡绿地建设中，有些城市、有些项目走过一些弯路，设计思路与节水优先、提高城市可渗透性的基本原则背道而驰，绿地不仅没有成为城市生态系统中的"生产者"、"海绵体"，反而成为高耗水、高耗能、高耗材的"消费者"。这种"伪生态"的建设模式，造成了对城市土地资源、水资源、能源和财力的浪费。

此外，还有一部分管理者和专业人员对新型雨洪管理仍然持一种较为保守的态度，对新理念、新技术的理解和掌握不够充分；相关研究的进展跟不上时代发展的脚步，对于一些关键问题还不能够提供科学、系统的解决方案。

面对这么多现实的障碍与束缚，涉水行业应以构建安全、健康、高效、宜人的水系统为总体目标，不断更新设计理念、完善行业规范标准，并从以下方面寻求突破：

（1）加强基础研究。从基于水文学的绿色基础设施规划设计方法，到绿色雨水基础设施的构造、设计参数、植物选择、维护管理，再到相关政策、标准、规范、技术导则的制定，都需要围绕实践需求和关键科学问题加大科研投入，缩小行业发展与社会需求之间的差距。

（2）推进人才培养。目前在风景园林、规划专业开设水文水力学、城市雨洪管理、水生态修复等涉水课程的高校较少，故亟须加强对教师队伍的培养，编写专业教材，开设本科生和研究生阶段的相关课程。此外，也应通过专题培训等多种形式，加强对在职人士的继续教育。

（3）开拓实践领域。目前，一些业界领军企业已加紧开展与高校、科研院所、专业企业的合作，向生态修复、环境治理等交叉、新兴领域扩展，开拓水生态修复领域的市场。在转型时期，能否突破自我，走入城乡建设的新领域，修复大地、服务大众，这更是摆在行业面前的机遇与挑战。

总而言之，时代的发展、社会的进步、环境改善的需求都在推动着涉水行业和专业教育不断发展与变革。在新形势、新政策的指导下，勇于突破自我、开阔视野、潜心钻研、精益求精，是我们的社会责任。愿天人合一、人水和谐的水景观在中国大地上不断涌现。[①]

王思思

2019 年 3 月

───────────────

① 前言修改于：王思思. 城乡水危机和海绵城市建设对风景园林专业提出的挑战及对策[J]. 风景园林，2015（04）：111-112.

目　录

第1章　海绵城市建设背景

1.1　中国城市面临的水问题

在城市建设过程中，原有林地、农田等透水的自然地表被道路、建筑、广场等大量不透水表面所取代，造成地表径流量显著增加，雨水下渗量减少，自然水文循环过程发生很大程度上的改变。在自然生态系统中，降雨过程中，雨水会先通过树木叶片、树干截留，然后经由地表的草灌植被层截留、吸附，进一步下渗（图1-1）；而传统雨水管理的理念是"重排轻蓄"，即将不透水面产生的径流快速、直接排放到市政管网，加之现有排水系统标准偏低、竖向设计不合理、河道水位顶托、雨污合流致管道溢流、应急管理不完善等因素，导致了城市地区内涝灾害频发、雨水资源大量流失、径流污染加剧、水生态环境破坏等一系列雨洪问题。

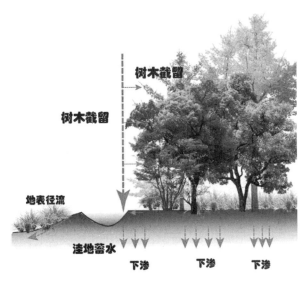

图1-1　自然状态下降雨过程

（图片来源：作者绘制）

（1）洪涝灾害频发

城市洪涝灾害频发，已经成为受到全国高度重视且亟待解决的主要问题之一。

城市建设过程改变了下垫面的构成，大量的林地、绿地等透水自然地表被不透水表面所取代，地表径流系数加大，造成降雨产流时间缩短、径流总量大幅度增加；我国传统排水体制导致径流排放时间缩短，峰值流量出现时间提前，加剧了下游排水管道的压力。并且，由于目前我国雨水管道设计标准偏低，雨水口设计能力偏小、雨水口的管理不足，汇水区域划分和竖向设计不合理等原因，造成了暴雨事件发生时雨水径流不能及时排除；此外，河道水位顶托也是造成排水困难不可忽视的因素之一。

近几年来，许多城市频繁发生"小降雨中涝，中降雨大涝"的现象，人民的生命安全受到威胁，公民财产遭受了严重的损失。因此，如何系统解决城市排水内涝问题，特别是利用绿地作为雨洪调蓄空间建设更加完善的城市排水防涝系统，是值得我们研究的问题。

（2）水资源短缺和雨水资源流失

我国多数城市面临着水资源短缺的问题，主要原因有：①随着城市人口数量不断地增加，需水量猛增，为了满足生产生活用水需求超采地下水，使地下水位持续下降，例如北京的地下水位从1999年的11.7m下降到了2011年的24.3m；②气候变化导致降雨量分配不均，导致旱涝灾害分布情况发生改变，极端暴雨事件增加了城市管网排水系统的排涝压力；气温升高，水体蒸发加快，加剧水资源短缺；气温升高，水体中微生物繁殖加快，水体污染现象加重；③传统的雨水管理模式以及城市大量不透水表面阻断了雨水下渗的途径，地下水得不到有效补充。水资源短缺、地下水亏空与雨水资源流失之间的矛盾正在持续加深。雨水作为一种宝贵的水资源以及补充地下水的重要水源，却没有得到合理且充分的利用。因此，鼓励雨水资源化利用、促进雨水下渗，对于补充地下水、增加非传统水源十分必要。

（3）雨水径流污染和生态环境破坏

随着我国城镇污水处理厂的建设和设施的完善，生活和工业点源污染控制率大幅提高，径流污染逐渐成为城市水体污染的主要原因之一（车伍等，2003）。雨水冲刷了建筑、道路等表面沉积的大量污染物，如泄漏汽油、磨损的轮胎、融雪剂、建筑工地上的淤泥、肥料等，尤其是强降雨事件径流携带的溶解性污染物浓度较高（Bach et al., 2010）。大量污染物随着雨水径流进入城市水体，使城市水体水质变差；水文破坏导致原有植被覆盖越来越少，原有的生态系统受到冲击，环境自我修复能力减弱，生态系统严重失衡。

（4）生物多样性的消失

从流域尺度上来看，地表水循环因为传统硬质铺装和水泥沥青的铺设，导致了大地呼吸不通畅，地表热岛效应加剧，造成了河流断流、水质污染和气候干旱，影响了生物生存的整体环境和加速了栖息地的消失；在城市内部及周边，河流的硬化、暗渠化乃至粗暴的填埋改道，造成了大量河漫滩的消失，鱼类、两栖类和其他生物生存所需要的溪流、浅滩、深潭的多样性水环境也随之消失，导致了大量物种的消失或灭绝；同时河流的断流和污染也使大量湿地消失，湿地是迁徙鸟类及当地留鸟的重要栖息地，从而导致了大量湿地动植物的消失。

1.2　海绵城市的提出与发展

面对城市水问题的严峻形势，国家对城市水安全保障空前重视。2013 年 9 月《国务院关于加强城市基础设施建设的意见》中明确指出："通过透水性铺装，选用耐水湿、吸附净化能力强的植物等，建设下沉式绿地及城市湿地公园，提升城市绿地汇聚雨水、蓄洪排涝、补充地下水、净化生态等功能。"2013 年 12 月，习近平总书记在中央城镇化工作会议上的讲话中强调：提升城市排水系统时，要优先考虑把有限的雨水留下来，优先考虑更多利用自然力量排水，建设自然积存、自然渗透、自然净化的海绵城市。

住房和城乡建设部于 2014 年 10 月发布了《海绵城市建设技术指南——低影响开发雨水系统构建（试行）》，作为海绵城市建设的纲领性技术文件，对全国海绵城市建设起到了较强的指导作用。2015 年 7 月住房与城乡建设部印发了《海绵城市建设绩效评价与考核办法（试行）的通知》，从水生态、水环境、水资源、水安全、制度建设及执行情况、显示度六个方面对在建的海绵城市进行考核。2015 年 10 月国务院办公厅出台了《关于推进海绵城市建设的指导意见》，明确规定"通过海绵城市建设，综合采取'渗、滞、蓄、净、用、排'等措施，最大限度地减少城市开发建设对生态环境的影响。"2016 年 3 月，住建部印发了《海绵城市专项规划编制暂行规定的通知》，要求各地结合实际，于 2016 年 10 月底前完成设市城市海绵城市专项规划草案，将雨水径流总量控制率要求纳入城市总体规划中，将海绵城市专项规划中提出自然生态空间格局作为城市总体规划空间开发管制要素之一，提出需要保护的自然生态空间格局。编制或修改控制性详细规划时，应参考海绵城市专项规划中确定的雨水年径流总量控制率等要求，并根据实际情况，落实雨水年径流总量控制率等指标。编制或修改城市道路、绿地、水系、排水防涝等专项规划，应与海绵城市专项规划充分衔接。

2014 年底至 2015 年初，全国海绵城市建设试点工作全面铺开，并产生第一批 16 个试点城市，2016 年 4 月公布了第二批 14 个海绵城市试点城市；同时全国约有百个城市开展了省级海绵城市试点，如四川 15 个城市试点省级海绵城市建设，河南省 8 个城市开展省级海绵城市试点城市建设，江苏省有 5 个城市开展了省级海绵城市试点城市建设；全国海绵城市的建设以 PPP 的模式，有望拉动将近 2 万亿的投资。2017 年 3 月，海绵城市首次写进《政府工作报告》，成为我国政府重点工作之一。2017 年 3 月，住房与城乡建设部印发了《关于加强生态修复城市修补工作的指导意见》，指导意见要求编制城市生态修复专项规划，统筹协调城市绿地系统、水系统、海绵城市等专项规划，开展水体治理和生态修复，全面落实海绵城市建设理念，系统开展江湖、湖泊、湿地等生态修复。2017 年 4 月，财政部、住建部、水利部组织专家对各地海绵城市建设试点 2016 年度工作进行了考核。2017 年 5 月，海绵城市建设被写入首部国家级市政基础设施规划内。2017 年 10 月，住建部公示 2017 年中国人居环境奖获奖名单，南宁市那考河海绵城市建设项目与河南省汝州市海绵城市建设项目都在获奖之列。2017 年 12 月住建部组织开展第二批试点城市专项督导工作，督促第二批海绵城市建设试点加快工作进度，做好 2017 年度绩效评价准备工作。海绵城市的建设上至国家，下至地方、企业与个人，得到了空前的重视，并掀起了建设的高潮……

1.3　雨水相关规范标准的发展与完善

1.3.1　雨水控制利用的相关法律规范标准

伴随着国家层面对于水问题的日益关注，和城市建设及行业的飞速发展，在国家和地方各级规范标准层面，关于洪涝控制、径流减排与控污、雨水资源利用等方面的内容正在趋于完善。

为保障人民群众的生命财产安全，提高城市防灾减灾能力和安全保障水平，加强城市排水防涝设施建设，国务院办公厅于 2013 年 3 月发布《关于做好城市排水防涝设施建设工作的通知》（国办发 [2013]23 号），通知要求：2014 年底前，要在摸清现状基础上编制完成城市排水防涝设施建设规划，力争用 5 年时间完成排水管网的雨污分流改造，用 10 年左右的时间，建成较为完善的城市排水防涝工程体系。为落实此通知，住房和城乡建设部于 2013 年 6 月下发了《城市排水（雨水）防涝综合规划编制大纲》（以下简称《大纲》），要求各城市结合当地实际，参照《大纲》要求抓紧编制各地城市排水防涝综合规划。在《大纲》中，明确提出了城市雨水径流总量控制、径流污染控制和雨水资源化的标准、措施和具体要求。

2013 年 10 月国务院颁布了《城镇排水与污水处理条例》，其中第八条规定："城镇排水与污水处理规划的编制，应当依据国民经济和社会发展规划、城乡规划、土地利用总体规划、水污染防治规划和防洪规划，并与城镇开发建设、道路、绿地、水系等专项规划相衔接。城镇内涝防治专项规划的编制，应当根据城镇人口与规模、降雨规律、暴雨内涝风险等因素，合理确定内涝防治目标和要求，充分利用自然生态系统，提高雨水滞渗、调蓄和排放能力。"第十三条规定："新建、改建、扩建市政基础设施工程应当配套建设雨水收集利用设施，增加绿地、沙石地面、可渗透路面和自然地面对雨水的滞渗能力，利用建筑物、停车场、广场、道路等建设雨水收集利用设施，削减雨水径流，提高城镇内涝防治能力。"这一条例的出台是对现有雨水排放、处置和利用相关法律法规的补充，反映了我国加强城市雨水排放与绿地、水系相结合的政策导向。

2011 年新修订《室外排水设计规范》增加了雨洪控制利用的相关内容：补充规定除降雨量少的干旱地区外，新建地区应采用分流制；补充规定现有合流制排水地区有条件的应进行改造；补充规定应按照低影响开发（LID）理念进行雨水综合管理；补充规定采用数学模型法计算雨水设计流量；补充规定综合径流系数较高的地区应采用渗透、调蓄措施；补充规定雨水调蓄池的设置和计算；更正了生物滤池的设计负荷等。2014 年《室外排水设计规范》又进行了局部修订，主要参考了发达国家和地区，如美国、英国、德国、澳大利亚、日本等在内涝防治方面的先进理念和设计标准，并结合我国排水设施的实际建设发展，确定了适应我国国情的城镇排水标准。增加了"雨水综合利用"一节。对雨水利用的原则、方式、汇水面的选择、初期雨水弃流、雨水利用设施设计等做了一系列规定。增加了以径流量作为区域开发控制指标的规定，并将本条列为强制性条文："当地区整体改建时，对于相同的设计重现期，改建后的径流量不得超过原有径流量。"在削减雨水径流量方面，新版规范做了进一步补充规定："新建城区硬化地面中可渗透地面面积所占比例不宜低于 40%，有条件的既有地区应对现有硬化地面进行透水性改造；绿地标高宜低于周边地面标高 5cm ~ 25cm。""当地区开发和改建时，宜保留天然可渗透性地面。"2016 年《室外排水设计规范》新增了中心城区和地下下沉式广场的设计重现期，与城镇内涝防治系统相结合，城镇内涝设计防治重现期相协调，同时明确了中心城区、非中心城区、中心城区的重要地区雨水管渠的设计重现期，进一步可与大排水系统相协调。

2007 年颁布实施《建筑与小区雨水利用工程技术规范》GB 50400-2006，这是中国第一部针对城市雨水利用的国家规范，该规范规定，各类建筑物和小区的总体规划中应包括雨水利用的内容，其中对雨水的收集、渗透、储存回用、蓄存排放、水质控制、施工安装、工程验收、运行维护等提出了较详细的专业技术要求。与此同时，各级地方政府也纷纷制订了关于城市雨水利用的法规标准。2017年，原《建筑与小区雨水利用工程技术规范》更名为《建筑与小区雨水控制及利用工程技术规范》并于2017年7月1日开始实施，其中修订的主要内容有：取消了原规范中屋面雨水收集系统中的内容；补充了海绵城市相关的术语、技术要求与控制目标，其中增加了生物滞留设施的技术要求与参数、储蓄设施的种类，场地雨水控制率计算公式，入渗和回用组合系统的计算公式，入渗、收集回用、调蓄排放三系统组合计算公式；补充了雨水净化工艺、景观水体和湿塘调蓄排放设施的要求与参数，补充了透水铺装设施蓄水性能的规定，调整了雨量计算公式中建设场地外排径流系数的限定值。但是修订后的《建筑与小区雨水控制及利用工程技术规范》缺乏建筑小区与周边的场地的竖向衔接关系，同时主要侧重于源头系统和传统的雨水管渠系统，与大排水系统和防洪排涝系统缺乏有效的衔接。

除以上颁布的标准外，自2017年7月1日开始实施的《城镇内涝防治技术规范》GB 51222-2017，规定"城市总体规划应以城镇内涝防治规划为依据，并与海绵城市、城镇排水、城镇防洪、河道水系、道路交通和园林绿地等专项规划相协调。并应按照城镇内涝专项规划的相关要求，确定内涝防治设施的设计标准，雨水的排水分区和排水出路，因地制宜进行内涝防治建设。"2017年7月1日开始实施的《城镇雨水调蓄工程技术规范》GB 51174-2017规定"城镇雨水调蓄工程应遵循低影响开发的理念，结合城镇建设，充分利用现有蓄排水设施，合理规划和建设。城镇雨水调蓄工程的建设，应以城镇总体规划、海绵城市、内涝防治、排水工程等专项规划为依据，与城镇防洪、河道水系、道路交通、园林绿地、环境保护和环境卫生等专项规划和设计相协调，并应满足城镇规划蓝线和水面率的要求。"

1.3.2 规划、景观、建筑领域的相关规范标准

城市雨洪管理还与城乡规划、水系、园林景观、建筑、道路、竖向等专业密切联系。在以前的相关专业规范标准中，很少涉及生态化的雨水控制利用。2013年以来，随着城市雨洪问题的凸显，国家对于城市水问题的重视，以及相关技术、实践的累积，我国开始逐渐新编、修订相关规范标准。

建筑与小区是城市主要的构成元素，也是降雨汇流的源头，因此，对建筑场地的雨水进行有效控制利用显得愈为迫切和必要。当前我国建筑与小区的雨水管

理往往停留在狭义的雨水收集和利用：基于已确定的居住区总体规划方案，由环境、市政工程人员在有限的地表空间内，采用以地下雨水储存池为主的雨水系统收集屋面、广场等硬化下垫面的雨水，经处理后用于绿化浇灌、道路浇洒，以达到相应的"非传统水源利用率"。2014 年 4 月国家发布的新版《绿色建筑评价标准》GB/T 50378-2014（以下简称"新标准"）在原来雨水利用的基础上增加了雨水控制（包括水量和水质控制）的要求，即充分发挥绿地、水系等对雨水的吸纳、蓄渗和缓释作用，使场地开发建设后的水文特征接近开发前，有效减少径流量、削减径流污染负荷、节约水资源和改善水环境。新标准的颁布将为建设具有自然积存、自然渗透、自然净化的海绵城市提供保障。在该标准中，提出了"下凹式绿地、雨水花园或有调蓄雨水功能的水体等面积之和占绿地面积的比例不小于 30%"，"合理衔接和引导屋面雨水、道路雨水进入地面生态设施，并设置相应的径流污染控制措施"，"硬质铺装地面中透水铺装面积的比例不小于 50%"，"合理规划地表与屋面雨水径流，对场地雨水实施外排总量控制"，"结合雨水利用设施进行景观水体设计，景观水体利用雨水的补水量大于其水体蒸发量的 70%，且采用生态水处理技术保障水体水质"等控制项目。对绿色建筑项目中雨水控制利用的目标、实现路径提供了较为有用的指导（程慧等，2015）。

对比新旧两版标准中关于雨水控制利用的要求（表 1-1）可看出，旧版标准关于雨水问题主要关注的是节水和渗透、利用。在"节地与室外环境"和"节水与水资源利用"章节对雨水利用提出的多是定性的指导要求，部分条文难以给开发者和设计人员明确指导，评审委员也很难给出评价结论。针对旧标准中的不足，新标准引入低影响开发和海绵城市理念，明确提出对场地雨水控制利用进行系统性规划。同时，增加了径流总量控制的要求，表明径流控制在场地的分析中必不可少，直接关系场地的开发和设计。新标准对雨水控制利用提出定量的评价指标和相应的技术措施，使得雨水控制利用的实现具有操作性。然而如何根据场地条件规划设计，控制径流总量同时尽可能实现多个目标是设计人员在实际项目中面临的问题之一。本书第 5 章给出场地雨水控制利用的规划设计示例及年径流总量控制率指标的实现途径，以指导设计人员有效地解决该问题。

除《绿色建筑评价标准》外，在国家《公园设计规范》GB 51192-2016 和《城市道路设计规范》CJJ 37-2016 中，也加入了低影响开发的有关术语、条文和控制要求。《城市道路和开放空间低影响开发雨水设施设计》15MR105 标准图集等相关技术规范、针对各地区不同自然社会条件的地方性技术文件也正在编制并即将（或已经）发布实施。可以预见，在未来一段时间内，规划、建筑、园林、道路等相关领域的标准会快速发展并不断完善，有助于改变当前设计规范内容缺失、冲突不断的现状。

新旧标准中雨水控制利用的评价指标（程慧等，2015）　　　　表 1-1

评价章节	《绿色建筑评价标准》GB/T 50378-2006	《绿色建筑评价标准》GB/T 50378-2014
节地与室外环境	4.1.16 住区非机动车道路、地面停车场和其他硬质铺地采用透水地面，并利用园林绿化提供遮阳，室外透水路面面积比不小 45%	4.2.12 结合现状地形地貌进行场地设计与建筑布局，保护场地内原有的自然水域、湿地和植被，采用表层土利用等生态补偿措施，评价分值为 3 分
		4.2.13 充分利用场地空间合理设置绿色雨水基础设施，对大于 10hm² 的场地进行雨水专项规划设计，总评价分值为 9 分，并按下列规则分别评分并累计： ·下凹式绿地，雨水花园等有调蓄功能的绿地和水体的面积之比占绿地面积的比例达到 30%，得 3 分； ·合理衔接和引导屋面雨水，道路雨水进入地面生态设施，并采取相应的径流污染控制措施，得 3 分； ·硬质铺装地面中透水铺装面积的比例达到 50%，得 3 分
	5.1.14 室外透水路面面积比大于等于 40%	4.2.14 合理规划地表与屋面雨水径流，对场地雨水进行外排总量控制，评价总分值为 6 分。其场地年径流总量控制率达到 55%，得 3 分；达到 70%，得 6 分
节水与水资源利用	4.3.6 合理规划地表与屋面雨水径流途径，降低地表径流，采用多种渗透措施增加雨水渗透量	6.2.11 冷却水补水使用非传统水源，评价总分值为 8 分，根据冷却水补水使用非传统水源的量占用水量的比例，达到 10% 得 4 分；达到 30% 得 6 分；达到 50% 得 8 分
	4.3.10 降雨量大的缺水地区，通过技术经济比较，合理确定雨水集蓄及利用方案	6.2.12 结合雨水利用设施进行景观水体设计，景观水体利用雨水的补水量大于其水体蒸发量的 60%，且采用生态水处理技术保障水体水质，评价总分值为 7 分，并按下列规则分别评分累计： （1）对进入景观水体的雨水采取控制面源污染的措施，得 4 分； （2）利用水生动、植物进行水体净化，得 3 分
	5.3.6 通过技术经济比较，合理确定雨水集蓄及利用方案	

1.4　规划设计理念与方法面临的挑战

1.4.1　规划设计理念需要转变

　　传统的雨洪管理理念是将汇水面产生的雨水径流直接、快速地通过雨水管道排出，造成了水体水质恶化，水资源的白白流失，以及城市内涝灾害频发。同时，在我国城乡建设中，追求大广场、大水面、高绿地的现象屡见不鲜。这些城市景观建设模式与节水优先、提高城市可渗透性的基本原则背道而驰。它们不仅没有成为城市生态系统中的"生产者"，反而成为高耗水、高耗能、高耗材的"消费者"。这种"伪生态"的建设模式，造成了对城市土地资源、水资源、能源与财力的浪费，也为城市水安全带来了隐患。

事实证明，传统的排水理念和绿地建设模式、规划设计方法已经不能满足现代城市对于水环境、水生态、水安全、水资源和水文化的多重需求。低影响开发、绿色雨水基础设施等新型雨洪控制利用技术体系和城市生态绿地建设模式具有恢复城市水文过程、开发建设成本较低、低碳节能、综合效益突出等特点，是灰色雨水基础设施的重要补充，也对城市规划、景观设计的传统理念带来了很大冲击。在海绵城市建设背景下，城市水务、建设、园林、规划、交通等部门的管理人员和技术人员都应以维护城市整体安全和改善生态环境为目标，改变传统"快排"理念。在城市建设开发过程中，应以保护生态本底为根本，通过绿色雨水基础设施与灰色基础设施的结合，共同构建弹性的海绵城市。

1.4.2 规划设计方法有待提升

规划统筹是落实海绵城市建设总体目标、规划布局、建设时序的重要途径，但目前在规划过程中，尚缺少足够的认知和有效的实施手段。海绵城市专项规划与城市总体规划、专项规划、控制性详细规划在衔接中往往存在问题，造成雨水系统的规划与建设得不到强有力的保证，在后续项目建设中往往很难实施。如规划区原有洼地、水系统和林地未被保留和利用，没有以蓝绿空间和竖向条件为依据进行规划，绿地布局不合理而不利于雨水汇集，绿地中没有给雨水设施预留必要的空间，绿地未能充分起到调蓄净化雨水的作用，水体面积与雨水资源量不匹配等等。

在设计实施层面，当前海绵城市建设也存在不少争议，如在园林部门引起较多争议的问题是：雨水进入绿地，由于排水不畅造成植物死亡、景观效果较差、融雪剂影响等。解决这些问题已形成初步思路：当前国内有大量的海绵城市建设试点城市，可以从中提取经验与教训，建立基于全国海绵城市建设项目从建设到后期运营情况的共享监测数据库，对耐水淹植物进行筛选、评估，对设施构造进行优化设计保证排水时间；二是加强基础研究与技术研发，通过对相关专业的基础性问题的研究、规划设计工具的革新以及新型生态技术的研发，创新性地解决我国海绵城市建设中的问题，而不是单纯地排斥或因噎废食；三是大众和设计人员应转变审美，从生态文明、生态美学的角度重新理解与解读乡土之美与荒野之美，同时设计人员应该提高自身的设计素养，将雨洪管理作为景观设计中必须考虑的一项要求，与景观设计相结合，做出更多以人的功能和需求为出发点的作品。

第2章 国内外城市雨水管理发展历程与经验借鉴

2.1 我国雨水管理发展历程

2.1.1 古代雨水管理的生态智慧

我国作为一个历史悠久的文明古国，在长期与自然环境相适应的过程中，形成了丰富的应对旱涝灾害的水适应性景观，突出体现在聚落选址、城镇土地利用布局、建筑园林、农田水利等方面对水生态系统的适应性策略。

在聚落选址方面，《管子·仲马》一书中就曾提到："凡立国都，非于大山之下，必于广川之上，高毋近旱而水用足，下毋近水而沟防省，因天材，就地利，故城廓不必中规矩，道路不必中准绳。"这一影响了中国城市选址几千年的基本原则，其核心就是城市与水的辩证关系。中国古代城市选址多依山傍水，既要考虑到城市用水和排水的便利性，又要选在地势稍高的区域，尽量避开水患频繁之地，且不必施加过多的人工措施来防范洪水（刘畅等，2015）。

如山西祁县的昭馀古城，其城址地处山前倾斜平原区，地势由东南向西北逐渐降低，古城所在地与西侧汾河所在地海拔相差近10m，在两河之间选取地势较高处建城，能够避免夏季降水集中、河流水位上升引起的洪涝灾害。古城尚基本保存着建城时的城市形态和规划布局。西面为西关城，古城西望汾河，北临退水渠。西关城与古城四面环绕护城壕。如此设置既能够抵挡河流泛滥引发的洪涝灾害，还能在干旱季节蓄积雨水，便于农业灌溉及生活、消防等，实现对雨水资源的多功能调蓄。从宏观角度来看，古城地处山前倾斜平原，东南地势较高，以3.2‰的坡度向西北倾斜，有利于城内东、南面雨水向西北地势低平的河谷地带排泄。从微观地形上看，古城采用地表漫流式排水，城内分布与城墙方向平行的道路作为主要的排水通道，大街的中央"十字型"干道交汇处地势较高，四周较低，高差可达3m（里昂等，2018）。

水资源也是影响中国传统园林造景的重要因素。北京明代比较有名的私家园林有李园（今清华园的前身）、勺园、定园、梁家园等，这些名噪一时的园林大都以水取胜。到了清代，随着城市的不断扩张，北京的水源也越来越不足。清朝廷公布了不准民间私引活水造园的规定，故北京清代的私园，除少数王府花园之外，极少凿池引水。由此，古人常通过屋檐 – 明沟系统来收集雨水，保证水景水源的获得。为了尽可能地集中房顶、树梢上的所有雨水，必须精心处理所有的散水和明沟，巧妙设计高程，并把水全部引到水池中。在清末宝鋆宅园、可园、民国鲍氏宅园中，均可见到这样的做法。这种积水之沟在晴天一般是干涸的，多用青石构筑，也可以铺砌石子作为装饰；或在其边上加以叠石，处理成低堑形式，有雨成沼，无雨则为堑，均有景可赏（贾珺，2007）。而南方多水地区，园林常常以水景取胜。这些池塘或溪流中水生动植物生长繁茂，形成了可自我维持的水生态系统。

此外，云南元阳的哈尼梯田、湖南的紫鹊界梯田、宁绍平原的垳田系统、陂塘系统等农业景观，也是适应了当地地形、气候条件的农业开发利用模式。

在古代低技术的背景下，城市建设中的朴素生态法则以及因地制宜通过较少人工干预而实现整体水资源管理的规划设计理念，不仅在当时发挥了重要作用，也为今天"将集中化为分散，将快化为慢，将刚硬化为柔和"的海绵哲学提供了重要的借鉴意义。

2.1.2　当代城市雨水管理

我国当代的城市雨洪管理主要开始于 20 世纪 80 年代，1995 年 6 月，北京举办了第七届国际雨水集流系统大会，并分别在兰州、徐州召开了第一届、第二届全国雨水利用学术讨论会。以刘昌明院士为代表的很多科研工作者和工程技术人员在该领域做了大量开创性工作，从理论到工程应用方面都经历了长期的探索、研究和应用实践过程，为后续海绵城市建设提供了重要基础。

自 20 世纪 90 年代开始，笔者所在的北京建筑大学雨水团队对城市雨水资源利用、雨水径流污染等领域展开了研究。随后全面开展了关于城市径流污染输送规律及控制技术和策略、城市雨水管理政策和机制、雨水设施水量和水质控制机理、绿色建筑雨水系统等方面的研究。2008 年，潘国庆、车伍、李俊奇等人在国内首次提出了设计降雨量和年径流总量的概念及其统计分析方法，并给出全国 32 个城市的具体数值，成为今天海绵城市建设的重要支撑（潘国庆等，2008）。在前期理论研究和工程实践基础上，雨水团队近年来重点开展了顶层设计和跨专业方法体系研究，着重雨水系统与城市规划、生态城市、绿色建筑、景观园林、道路、绿地等系统衔接的方法体系研究（张伟、车伍，2016）。

当今，已有越来越多的团队和个人投入到城市雨洪控制利用研究领域中。本书由于篇幅所限，就不在此——展开。

2.2 国外城市雨水管理发展历程

2.2.1 现代城市雨水管理发展概述

发达国家城市雨水管理可分为水量管理、水质管理和可持续管理三个阶段，见图 2-1（王思思，2009）。

（1）水量管理时期

19 世纪初，随着西方国家高速的工业化和城市化进程，雨水排放成为城市建设需要解决的问题。最初，人们利用沟渠来收集和排放城市中的雨水以及生活污水，后来逐渐过渡到通过雨污合流管道、雨污分流管道来高效地排除及处理城市雨水。总体上，与城市供水和污水处理相比，城市雨水的利用和管理在这一时期没有给予重视。随后，人们注意到雨污分流管道系统会导致河流下游洪水以及河道侵蚀。由此，人们开始考虑用场地滞留的理念来解决雨水排放问题。美国第一个关于雨洪滞留的法案于 20 世纪 70 年代初期颁布。随着计算机技术的发展，通过流域尺度的水文模型和水力学模型来进行不同条件下的模拟和预测分析成为可能。这也使得雨水总体规划在 20 世纪 70 年代末诞生。相对于场地雨水滞留，雨水总体规划采用了区域协调的指导思想，在当时较为先进，然而在实践过程中，雨水总体规划由于缺乏相关规章制度和实施的配套协调，难以达到预期的效果（Debo and Reese，2002）。

（2）水质管理时期

进入 20 世纪 80 年代，大量研究表明城市及农耕区雨水径流是导致河湖等自然水体水质下降的重要原因。在美国，国会和环保署开始将注意力转移到雨水的污染治理上来。第一批雨水水质的标准始于 1987 年的《水污染防治法》（修正版）和 1986 年颁布的《国家城市径流报告》等，这些法案、标准的出台标志着雨水管理的新阶段"水质管理时期"的到来。由此，人们开始反思那些未经检验的工程技术与设施对水质的负面影响。

经过一段时间的摸索和总结，人们提出了一些相对有效的雨水水质模型和标准，美国的环境保护署也开始着手于第二雨水控制规范和标准的制定。这一阶段，与雨水有关的市政基础设施也经历了巨大转变：排水沟渠以草沟（Grass Swales）的形式重新出现在城市中；滨河的狭长地带也被改造成滨水过滤带（Riparian filter strips），同时布满了水处理装置，像一个小型的污水处理厂。与前一时期相比，此时的雨水管理和设计变得相对复杂，但许多设计仅从经验出发，缺乏通过综合监测手段来验证各种模型和措施的有效性（Debo and Reese，2002）。

（3）可持续管理时期

20 世纪 90 年代以来，随着城市雨水管理研究与实践的不断深入，一些在可持续发展思想指导下的价值标准和指导思想逐渐形成，如通过综合的流域管理，包括河流廊道管理方式、流域内土地利用方式、污水排放许可制度等，以期解决更广泛的雨水管理问题。人们认为通过使用工程性、非工程性以及制度方面的最佳管理实践（Best Management Practice，以下简称 BMP），可以创造出多功能、环境友好的、可持续的并且优美的生活环境。

这一时期涌现出了许多雨水管理的新概念、理论和技术手段，如美国的低影响开发（Low Impact Development）、绿色基础设施（Green Infrastructure）、更优场地设计（Better Site Design）、澳大利亚的水敏感城市设计（Water Sensitive Urban Design，WSUD），和英国的可持续城市排水系统（Sustainable Urban Drainage Systems，SUDS）。

其中，低影响开发 LID 在美国的发展和影响较为广泛。它是雨水管理与可持续发展思想、精明增长理论结合的产物。它主张在源头采用分散式、小尺度的技术手段来管理雨洪径流，体现了环境保护和经济的双赢。英国的可持续排水系统（Sustainable Urban Drainage System，以下简称 SUDS），其指导思想是尽可能地模仿场地开发之前的自然水文过程，处理雨水径流以清除污染物。SUDS 比传统排水方式更符合可持续发展的理念，因为它综合考虑降低洪水风险、改善水质、回灌地下水、提供生物栖息地和满足社区需要等长期的环境和社会影响因素（Spillet et al.，2005；Daywater Consortium，2003）。诞生于澳大利亚的水敏感城市设计，将城市整体水文循环和城市的发展和建设过程相结合，旨在将城市发展对水文的环境影响减到最小；在城市发展中保护自然水系统；将雨水处理和景观结合；保护水质；减少地表径流和洪峰流量；增加价值同时减少开发成本。它包括工程措施和非工程措施，强调最佳规划实践（Best Planning Practices）和最佳管理实践两者结合。应用的尺度从城市分区到街区、地块，包括从战略规划到设计、建设和维持的各个阶段。

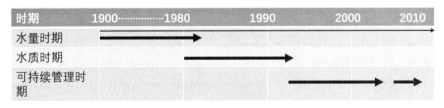

图 2-1　20 世纪以来西方城市雨水管理发展的三个阶段（Brown，2005）

（图片来源：作者翻译）

虽然各国的雨水管理理念侧重点不同，但具有共同的特点，即大部分的雨水控制利用技术措施均依托城市绿地设计和建设。这些管理体系均与城市绿地紧密结合，具有不可分割的关系。

2.2.2　20世纪末以来的可持续发展阶段

（1）低影响开发

LID是一种新型的理念和技术，它是20世纪90年代由美国乔治省马里兰州环境资源署提出的一套可持续的雨水管理体系。它特别强调限制不透水面的面积以及减少对自然水体、自然排水通道的破坏，并主张采用源头式、分散式、生态化、低成本的绿色雨水设施，对雨水进行渗透、滞蓄、净化和回用，目的是缓解因不透水面积增加带来的不利影响，尽可能维持或恢复场地原有的自然水文特征。图2-2为低影响开发体系的核心内容（王佳，2013）。

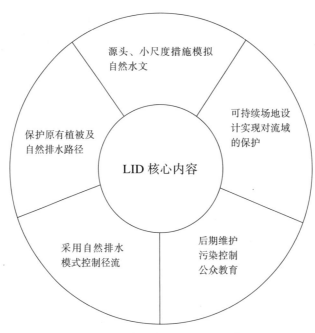

图 2-2　低影响开发（LID）体系的核心

（图片来源：王佳绘制）

到目前为止，美国土木工程师协会（American Society of Civil Engineering）已经主办了多次低影响开发国际会议，历届会议都吸引了来自世界几十个国家和地区的数百位学者、工程师等积极参与。

LID 的技术措施包括绿色屋顶、雨水花园、植草沟、透水铺装、雨水收集回用设施和其他渗滤滞留设施，这些措施与传统的雨水排水措施相比，特点是生态化、低能耗、低成本，还能最大限度地减少和降低场地开发对于周围生态环境的影响，对改善城市的生态环境具有非常重要的意义。

LID 设计在宏观层面与场地总体规划密切结合，强调对自然水文循环的保护，它综合土地利用、景观规划、基础设施建设等，目的是创造出一个生态的，可持续的场地；同时，LID 也是小规模（尺度）、分散式、结合具体场地条件的源头控制技术。根据不同场地条件制定不同的设计方案，结合相应的控制目标、要求以及其他的限制因素，LID 措施可以应用到单体建筑、居住区、商业区、街道（道路）、公园、停车场、开放空间等不同功能区，几乎所有的场地都可以不同程度地采取 LID 措施缓解对场地水文循环的破坏。与传统的场地规划与雨水排水方式相比，LID 技术更简单、更有效、更经济、更灵活、更生态，这也是为什么 LID 能在多个国家得到有效开展的原因（刘保莉，2009）。

一个好的低影响开发场地设计方案可以有效地维护场地的自然环境，保护场地的水文、植被、土壤尽量不被破坏。LID 的核心原则就是利用不同技术手段及措施使开发后的场地水文条件尽量恢复到开发前的状态。LID 的基本原则包括以下几个方面：

1）场地规划初期综合考虑保护场地水文循环及控制利用雨水；

2）场地规划保护生态敏感区域，避免对自然排水路径的干扰；

3）场地规划尽量减少场地不透水面，打破连续的不透水面；

4）采用小规模、分散式、低成本的技术措施对雨水进行源头管理；

5）与景观设计结合，创造多功能的场地景观。

（2）水敏感城市设计

澳大利亚水敏感城市设计（Water Sensitive Urban Design，以下简称 WSUD）是在可持续发展思想指导下诞生的城市水系统规划设计的新理念，旨在协调城市建设与城市水系统的关系，将人类活动对水文的环境影响减到最小。哲学层面上，它强调以更加谦逊和综合的方式来处理地球、水和人类活动之间关系。技术措施方面，它将整体水文循环和城市发展和再开发结合（从城市战略规划到设计和建设的各个阶段），寻求更加遵循自然水文和生态过程的雨水收集、处理和利用措施，强调最佳规划实践（BPP）和最佳管理实践（BMP）的结合。

WSUD 的总体目标旨在减少城市化对于自然水文循环的影响，具体包括如下5 个方面（王思思，张丹明，2010）：

- 保护自然水系统：在城市发展中保护和提升自然水系统。
- 将雨洪处理和景观设计相结合：通过多功能廊道把雨洪水利用到景观设计中来，这种廊道可以使开发建设中的视觉和游憩价值最大化。
- 保护水质：改善城市地表径流的水质。
- 减少地表径流和洪峰流量：通过增加场地雨水滞留和将不透水面积最小化来降低洪峰流量。
- 在增加价值的同时减少开发成本：将用于排水系统的成本最小化。

与传统的城市地表水（雨水）排放系统相比，WSUD 更体现可持续发展原则和对水资源利用的有效性，体现在以下几方面：1）通过教育、技术、价格调控等途径减少对饮用水输入的需求；2）通过双向网络（dual reticulation networks），使得水资源的供应和处理更加符合具体要求，以增加非饮用水的使用；3）通过场地收集、滞留、处理、储存和分配，将雨水、可利用的污水和废水分类处置，使得在城市开发过程中对水资源能够更有效地利用；4）对地下水资源进行优化利用和引入含水层蓄水和恢复技术；5）控制并改善城市地表径流水质；6）减少废水排放量。

在澳大利亚，人们认为由于城市雨洪管理的综合性和复杂性，制定城市雨洪管理计划需要由水文和水利工程、环境科学、水文生态和水资源管理、城市规划、景观设计等学科专家组成的设计团队共同完成，并进行相关利益主体的磋商（包括地方政府，开发商和市民等），从而使得雨洪管理项目得到长期的支持。在确定项目目标后，应从城市（或场地）规划设计和雨水管理措施两方面对场地进行分析、评价，并制定初步的雨洪管理方案。其中城市规划设计包括场地分析、土地承载力评估和土地利用规划。雨水管理措施综合考虑选择适当的工程措施和非工程措施组合成一个完整的系统。在确定和选择合适的雨水管理措施时，可从径流控制、水质改善、处理方法有效性、景观设计、成本因素等方面考虑。在雨洪管理的概念方案提出后，应对其进行技术评价和经济评价。这一环节可消除雨洪管理中的不确定性，比较不同雨洪管理策略之间性能、收益和成本，从而为规划和工程设计人员提供决策依据。由澳大利亚 CSIRO 开发的 MUSIC 软件可以从不同空间和时间尺度来模拟城市雨洪管理计划下的雨水径流过程，定量评估雨洪管理工程的水量指标和水质指标，以及经济效益（图 2-3）。

WSUD 的雨洪管理措施与德国、美国雨洪管理措施的不同之处，在于它特别强调在方案决策中将规划设计手段和工程措施手段相结合。

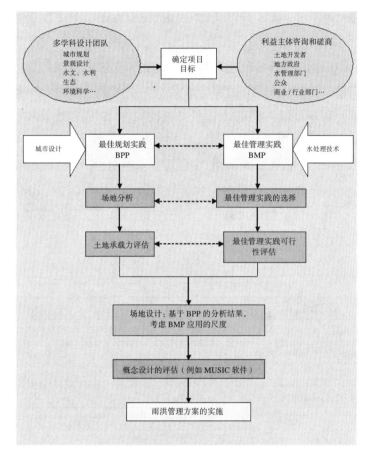

图 2-3　WSUD 实施步骤图

（图片来源：作者翻译自 Lloyd，2002）

A. 最佳规划实践（Best Planning Practices）

WSUD 中的最佳规划实践（Best Planning Practice，BPP）是指场地评估和土地利用规划，由于土地利用规划将改变场地的排水方式和水质，因此它对雨水管理技术措施的选择和设计具有重要影响。在进行土地利用规划时，应综合考虑场地及周边的气候、地质条件、排水形式以及其他重要的自然特征（湿地和残余植被）。其次，对场地的土地承载力进行评估，最后制定土地利用规划。在规划中要将雨洪管理作为重要考虑因子，促进雨水管理方案的实施。例如，降低道路竖向高程以便于 BMP 技术在道路中的应用，通过设计增加水体的可达性和降低绿地高程等方面。

B. 最佳管理实践（Best Management Practices）

澳大利亚与北美和欧洲相同，将雨洪管理的措施和技术手段称为最佳管理实践（BMP）。BMP 通常分成工程性 BMP（structural BMP）和非工程性 BMP（non-structural BMP）两类。

工程性 BMP 是指运用各种处理技术和设施 / 设备来控制雨洪过程中出现的污染和洪涝问题。工程性 BMP 的种类繁多，并在各种实际项目中得到了广泛使用。目前，澳大利亚环境主管部门和研究机构对 BMP 处理效果和其他方面进行了长期检测和评估。各级政府、行业组织和科研就够还制定了技术导则来普及 BMP 的使用。例如，《悉尼地区 WSUD 规划技术手册》（Water Sensitive Planning Guide for the Sydney Region）就对适用于该地区的 24 项工程性 BMP 进行了详细说明（表 2-1），包括每项措施的内容、目的、应用尺度、场地限制、实践指导和补充材料等。

工程性最佳管理实践（Structural BMP）　　　　　　　　　　　　　　表 2-1

工程性最佳管理实践	地块尺度	街区尺度	开放空间网络或地区尺度
将径流转移到种植床	√		
雨水收集罐 / 再利用（用于绿化或厕所用水）	√		
拦沙坑，沉积井	√		
渗滤和收集系统（生物过滤系统）	√	√	√
渗透系统	√	√	√
乡土植被覆盖、滴灌系统	√	√	√
透水铺装	√	√	√
缓冲带		√	√
人工湿地		√	√
干式滞洪区		√	√
污染物拦截（侧壁雨水口）		√	
池塘和沉积井		√	√
沼泽地，洼地		√	√
湖			√
污染物拦截（粗垃圾）			√
恢复的水道 / 排水沟			√
再利用设计（开放空间灌溉和冲厕用水）			√
城市森林			√

非工程性 BMP 是指通过管理、制度、教育或经济等手段来实现雨洪管理的目标，主要包括政府管制（例如规划和环境法规）、公众教育、街道管理和污染

预防等，不包括固定的、永久的设施。目前，非工程性 BMP 在澳大利亚城市雨洪管理中发挥了重要作用，大部分非工程性 BMP 的使用出现了增长趋势。在澳大利亚最常用的非工程性 BMP 包括战略性、城市尺度的雨洪管理规划以及城市规划手段的使用（表 2-2）。

非工程最佳管理实践（Non-structural BMP）　　　　　表 2-2

非工程性最佳管理实践	内容
环境和城市发展政策	地方、州级和联邦级环境和城市发展政策要鼓励生态可持续发展实践的广泛应用，其中包括将水敏感城市设计和城市规划过程相结合。
施工场地环境考虑因素	施工场地规划和管理的不足会破坏雨水径流水质。场地管理规划是一项有效的措施减少场地建设时污染物的产生。
教育和人员培训 ● 地方政府 ● 行业人士 ● 商业人士	包括人员培训在内的教育项目应促使各层次的人员在实践中产生有效的改变。培训应提供有效的工具或技术手段使得相关人员可以有能力在将来进行规划等活动（比如，批准、建设、操作或维护等活动）。
公众教育项目	关于雨洪管理问题的公众教育项目促使社会标准和行为的改变。个人行为的改变会为减轻城市发展对雨洪的影响起到积极作用。然而，公众对雨洪污染问题的关注和了解不一定是行为改变的先驱。同等重要的是公众在了解相关问题后，可以对政府、相关行业和开发商是否考虑对雨洪的影响进行监督。
执行项目	经济处罚是对雨洪污染行为的一种有效震慑。这主要是环境保护局和地方政府的主要职责。目前有很多关于测量执行项目有效性的研究。

值得注意的是，在 WSUD 中"处理链"（treatment train）有一个很有用的概念。它强调根据不同阶段水流量的大小和质量特征，综合运用非工程和工程性管理措施，并将其组成一个系统。"处理链"的最上端是非工程性的预防措施，也就是尽可能避免雨水污染或产生地表径流。接下来优先在源头进行雨水处理，并延续到较大规模的地区处理，最后是区域性的控制管理。

（3）可持续排水系统

英国 SUDS 制定了由预防措施、源头控制、场地控制和区域控制四个等级构成的管理链条。其中预防措施和源头控制处于最高等级，也就是在规划中尽量先通过预防手段、在源头和小范围进行雨水的截流处理。只有当在源头或小范围不能处理时，才将雨水排放至更高一级的系统中，采取其他控制处理手段。该条管理链将各项具体措施组成一个有等级次序的一体化方案，是 SUDS 规划的重要基础。SUDS 的管理策略和技术与美国雨洪最佳管理实践类似，也可以分为工程措施和非工程管理措施（表 2-3）。SUDS 中的非工程性最佳管理实践主要是预防措施，它包括减小铺装面积、清扫道路和教育等。工程管理措施根据雨水过程，分为源头控制、场地控制、区域控制三个等级和尺度。具体技术措施通常分为四大类:(1)过滤带或过滤沼泽;(2)可透水地面;(3)渗透系统;(4)滞留盆地和池塘。它们都本着对雨水进行就地处理的原则,利用沉淀、过滤、吸附和生物降解等自然过程,对地表水提供不同程度的处理。为使 SUDS 得到广泛应用,英国建造行业研究和信息协会(CIRIA)出版了一系列有关 SUDS 理论和实践的著作,为使用者提供了简明、完备的技术规范和指导手册。

工程性和非工程性最佳管理实践在英国的使用情况(Daywater Consortium,2003) 表 2-3

最佳管理实践			十分常见	常见	少见	十分少见
工程性	过滤带 / 草沟(Filter Strips/Grass Swales)				√	
	过滤管(Filter Drains)		√			
	渗透系统(Infiltration System)	渗坑(Soakways)		√		
		渗透渠(Infiltration Trenches)		√		
		渗透塘(Infiltration Basins)				√
	地面蓄水施(Above Ground Storage Facilities)	储水池 / 罐(Storage Tanks/Chambers)			√	
		潟湖(Lagoons)			√	
		滞留塘和延时滞留塘(Detention & Extended/Detention Basins)	√			
		雨水塘(Retention Ponds)	√			
		人工湿地(Constructed Wetlands)		√		
	道路铺装(Road Surfacing)	透水铺装(Porous Paving)			√	
		透水沥青(Porous Asphalt)			√	
	雨水收集(Rainwater Harvesting)					√
	截污挂篮(Gully Pots)		√			
非工程性	街道清洁(Street Cleaning)		√			
	减少污染物的使用(Reduction in Pollutant Usage)				√	
	积雪管理(Snow Management Practices)			√		
	教育(Educational Practices)				√	
	日常管理(Routine Management Practices)		√			
	不透水区域的控制(Control of Impervious Area)				√	

英国可持续城市排水系统(SUDS)通过与城市规划体系的结合,将其思想和技术写入到不同等级的规划政策中,推动 SUDS 理念和技术的应用。目前英国的规划政策中没有强制规定使用 SUDS,但在国家、地区、地方的各级规划政策

中都有相应条文鼓励地方政府、规划者和开发商使用 SUDS。例如，英格兰、苏格兰、威尔士地区的规划政策推荐"在未来的规划和开发建设中使用 SUDS 理念和技术以减低洪水风险"。在实际规划编制和审批过程中可以采取下述方法应用 SUDS：

　　a）根据调研和地质、水文分析，在规划中确定不同地区适宜的 SUDS 措施；

　　b）编制 SUDS 规划管理和控制导则；

　　c）控制性详细规划中明确具体的 SUDS 要求；

　　d）在进行规划审批过程中，要求开发商提交 SUDS 的可行性研究和具体方案（于立等，2004）。

　　为进一步推动 SUDS 的发展，英国于 2001 年成立了由副首相办公室、环保、食品和乡村事务署、交通署、水行业协会、地方政府协会、规划官员协会等相关机构代表组成的 SUDS 全国工作组。这一工作组的目标是使得相关公共组织和机构就 SUDS 理念达成共识，通过更加综合的方式促进 SUDS 实施，并解决实践中遇到的关键和基本问题。该工作组于 2003 年发布了《英格兰及威尔士地区可持续排水系统框架》，并于 2004 年 7 月发布了对 SUDS 有重要影响的《可持续排水系统实践暂行规定》。

　　（4）最佳场地设计

　　最佳场地设计（Better Site Design，BSD）于 20 世纪 90 年代由美国水体保护中心（Center for Watershed Protection）提出。BSD 不同于传统的居住区和商业区发展模式，采用工程性措施和非工程性措施相结合的手段，旨在每个开发场地实现三个目标：减少不透水地表；增加自然土壤植被覆盖区域；利用生态区域进行雨水管理。通过实现上述目标以达到减少场地开发对流域水文影响，保护生态系统，节约成本，提高场地价值等目的。为实现上述目标，设计师必须要仔细核查场地的各个功能区——建筑、道路、停车场等等，确保这些不透水区域的规模可以缩小到最小。同时，还要充分利用场地的地形条件为雨水创造更多的滞留和渗透的机会。

　　BSD 要求场地规划设计实现场地土地利用合理分配和雨水管理双重目标。BSD 体系采用三步法则以更好的实现雨水管理：

　　a）避免影响——保护生态敏感区域和使用保护性设计手法；

　　b）缩小影响——尽量减少场地的不透水地表；

　　c）控制影响——利用生态、可持续的雨水设施对雨水进行综合管理。

　　BSD 体系主要设计手段和措施见表 2-4（王佳，2013）：

BSD **体系主要设计手段和措施改自**（New York State Department of Environmental Conservation，2008）

表 2-4

设计体系	具体措施	
保护生态敏感区域的保护性设计	1 保护未受干扰的区域 2 保护缓冲区 3 减少场地填挖量 4 场地布置于生态敏感性不大的区域 5 开放空间设计	
减少不透水地表	1 缩减道路 2 缩减建筑占地 3 缩减停车场占地	
利用自然元素和源头雨水设施	1 植被缓冲带 2 植草沟 3 雨水花园等生物滞留设施 4 渗透设施	5. 屋顶源头减排设施 6. 河道恢复（再开发项目） 7 植树

（5）绿色建筑及绿色社区评估体系

美国绿色建筑领域形成于 20 世纪 90 年代，1998 年提出了美国能源及环境设计先导评定标准（Leadership in Energy and Environmental Design，LEED）。该评价体系涉及六个方面：可持续场地、用水效率、能源和大气、材料和资源、室内环境质量、创新与设计过程。其中直接包含雨洪控制与利用相关内容的有可持续场地中的侵蚀和沉积物控制及雨洪管理，以及用水效率中的高效率水景观节约用水等。

在 LEED 评价标准中，可持续场地设计涉及的主要雨洪控制与利用措施可以分为水质和水量最佳管理措施。通过减少不透水铺装、增加场地的渗透、削减或消除雨水径流的污染来限制对自然水文条件的破坏。在措施上可以通过如绿色屋顶、渗透铺装、雨水花园、植草沟、不透水面断接、雨水回收利用等来增加渗透和拦截、处理径流污染，控制 90% 的降雨事件，维持工程地点原有的径流条件。通过可持续的设计策略（如低影响开发、环境敏感设计），设计自然和人工相结合的处理系统（如人工湿地、植被过滤带、开放性沟渠、雨水池等）来处理雨水径流。绿色建筑构建中还包括绿色景观设计师导则（Green Landscapers Transition Guide），其中也包括利用雨洪控制利用措施来设计场地的雨水管理，如考虑使用沙砾和渗水铺装取代沥青、使用生物过滤带和泥沙围栏控制侵蚀、利用有植物和土壤的绿色屋顶等。

在用水效率评价中，高效率的水景观要求在景观灌溉上避免用饮用水和工程场地内或周围的地表水和地下水资源。可以通过对土壤和气候的分析选择合适的植物物种来达到节约灌溉用水，同时可以收集利用雨水、中水和冷凝水用于景观灌溉。在有水体的场地可以利用雨水补充景观水体，减少其他水源的负荷，同时也可以设计雨水收集利用系统，利用雨水冲厕、灌溉，从根本上减少用水量。

美国能源与环境设计先导——绿色社区（Leadership in Energy and Environment Design for Neighborhood Development，LEED-ND），是由美国绿色建筑委员会（USGBC）、美国新城市主义联合会（Congress for the New Urbanism）以及自然资源保护委员会（Natural Resources Defense Council）共同推出的一套绿色社区评估体系。它整合了精明增长（Smart Growth）、新城市主义（New Urbanism）、绿色建筑及绿色基础设施（Green Infrastructure and Building）的相关内容，将评价范围扩大到社区的尺度，对环境优越、符合可持续发展要求的社区进行评估和奖励（黄献明，2011）。LEED-ND 是全球具影响力的绿色住区评估体系，可在全球 114 个国家中进行认证活动。

LEED-ND（社区开发评估体系）评估体系与 LEED-NC（新建建筑评估体系）评估体系的不同点主要在于，LEED-NC 将侧重点放在建筑单体本身的环境性能评估，LEED-ND 则更加重视住区场地的选址以及布局模式，将建筑、道路、开放空间、水环境、基础设施等各个方面的规划相结合，形成一个完整的场地景观（李王鸣等，2011；于一凡等，2009）。

LEED-ND 评估体系主要由精明选址及相关、社区模式规划设计、绿色建筑及绿色基础设施、设计创新点等四大部分组成，每个部分由其相应的强制项（prerequisite）和得分项（Credit）构成，根据待评价社区的累加得分对社区进行评级，标准满分为 100 分，其中 80 分以上为铂金奖，60 ~ 79 分为金奖，50 ~ 59 分为银奖，40 ~ 49 分为通过认证（USGBC，2009）。

水环境的构建是绿色社区中的一项很重要的内容。在规划层面上，LID 理念强调以水文学为基础进行土地利用规划，保护生态敏感区域以及未受干扰的区域，合理的布局建筑、道路、绿地、水景及其他功能分区，合理地进行竖向设计，以尽量避免开发给自然水文循环带来的负面影响。在雨水系统设计层面上，LID 理念强调采用小规模、分散式的技术措施实现对雨水的滞留、净化以及回用。以下基于 2009 年版的 LEED-ND 评估体系，对其中与 LID 理念相结合的条目进行总结分析，具体内容见表 2-5。

LEED-ND 评估体系中与 LID 理念相结合的条目总结　　　　　表 2-5

LEED-ND 体系	LEED-ND 条目	LEED-ND 条目要求及目的
精明选址及相关	强制项 3，湿地与水体保护	限制对湿地及其他水体以及周围 100ft 内缓冲区域的开发
	强制项 5，保护洪泛平原	限制在 100 年一遇的洪水风险区以内进行开发
	得分项 6，陡峭斜坡保护	场地中坡度超过 15% 的斜坡不进行建设；已开发区域坡度超过 15% 的斜坡需进行植被恢复
	得分项 7，保护生物栖息地、湿地及其他水体	保护所有湿地及其他水体、重要的生物栖息地不被破坏
	得分项 8，恢复生物栖息地、湿地及其他水体	增加湿地及其他水体、生物栖息地面积，保护本地物种，这些区域面积应至少为开发场地的 10%
	得分项 9，湿地及其他水体的长期维护	实施一个长期（至少 10 年）管理计划
社区模式规划设计	强制项 2，紧凑发展模式	控制土地开发，维持一定绿地率，减少开发场地的不透水面积；适当提高建筑密度
	得分项 2，紧凑发展模式	
	得分项 5，减少停车场占地	停车场设于建筑边侧或后侧；停车场占开发场地总面积不超过 20%
	得分项 14，道路周边绿化	开发场地 60% 以上的道路两侧设置绿化带
绿色建筑及绿色基础设施	得分项 4，节水型景观	景观用水尽量利用雨水或中水，室外景观灌溉用水量减少 50%
	得分项 7，减少场地扰动	保护场地原生植被，减少不透水面积，减少对自然场地的扰动
	得分项 8，雨水管理	以区域被截留的雨水总量占设计降雨量的百分比作为主要评价指标
	得分项 9，降低热岛效应（绿色屋顶）	采用绿色屋顶，缓解热岛效应并处理屋面雨水

在 LEED-ND 评价体系中，采用滞留、渗透及回用的雨水量占降雨总量的百分比作为场地雨水管理得分的评价标准，具体回用水量及得分情况对照见表 2-6。

场地雨水滞留、渗透及回用量与得分情况对照表　　　　　表 2-6

占降雨量百分比（开发区域被截留的雨水总量）	得分
80%	1
85%	2
90%	3
95%	4

通过以上总结，LID 的理念作为一项很重要的内容在评估体系的诸多条目中都有体现。Prickett 等（2010）将 LID 体现在 LEED-ND 评估体系中的分值比重进行梳理，超过 30% 的得分可以通过 LID 技术实现。LEED-ND 体现了一种综合管理场地雨水的设计思路，即场地选址——土地利用规划——不同功能区设计——雨水基础设施设计，每部分也都给出了具体的量化指标以及实现途径（王佳等，2013）。

（6）可持续场地评估体系

"可持续场地倡议"（Sustainable Site Initiative，SITES），是由美国景观设计师协会（ASLA）、美国德克萨斯大学伯德·约翰逊夫人野花中心（Lady Bird Johnson Wildflower Center at The University of Texas）、美国植物园（United States Botanic Garden）共同推出的一套绿色场地评价标准。该评价标准在借鉴美国绿色建筑委员会及绿色建筑评价标准相关资料的基础上提出，强调自然植被及自然水体的重要作用。

SITES 评估体系主要由场地选址、场地评估及规划、场地设计之水环境、场地设计之土壤及植被、场地设计之材料选择、场地设计之人文、场地建设、场地运营及维护、监测与创新九个部分组成。该评估体系共包含 15 个强制项和 51 个得分项。美国绿色建筑委员会（USGBC）计划将此标准整合到绿色建筑各评价标准中去。该评价体系的制定采用多学科综合分析的方法，包括场地规划师、景观设计师、建筑师、雨水工程师等多学科的工程师及学者共同研究推出的一套评价体系，以解决场地的可持续性问题（Kabbes，2010）。

SITES 强调从规划设计的角度实现对场地水文循环的保护，保护景观生态结构要素——河流、湖泊、湿地、坡地等不被城市化发展所破坏，并尽可能采取措施增加雨水的下渗、净化以及回用。以下基于 2008 年版的 SITES 评价标准，对其中与 LID 理念相结合的条目进行总结，具体内容见表 2-7（王佳，2013）。

SITES 评价标准中与 LID 理念相结合的条目总结　　　　　　表 2-7

SITES 评价体系	SITES 条目内容	SITES 条目要求及目的
场地设计之水环境	3.1 强制项，景观用水减少对饮用水的消耗，达到基准线的 50%	减少对饮用水、地表水、地下水的消耗，尽量采用雨水、再生水等，植物选择养护简单的本土植物
	3.2 得分项，景观用水减少对饮用水的消耗，达到基准线的 75%	
	3.3 得分项，保护及回用与水资源，保护湿地及缓冲区域	控制洪涝，控制水质、水量，稳固土壤减少水土流失，提高生物多样性

续表

SITES 评价体系	SITES 条目内容	SITES 条目要求及目的
场地设计之水环境	3.4 得分项，恢复原有湿地、溪流、海岸线	修复植被，恢复生态系统稳定性，取消排水管道、沟渠等灰色设施
	3.5 得分项，场地雨水管理	模拟场地未开发时的自然水文条件，管理场地雨水
	3.6 得分项，提高水质	防止雨水径流携带的污染物产生、输送，对地表水及地下水造成的污染
	3.7 得分项，雨水设施具有景观美学价值	具有美感的雨水设施不但提高景观功能性，还具有很好的群众教育意义

（来源：www.sustainablesites.org）

2.2.3　对我国城市雨水管理和海绵城市建设的启示

（1）以可持续、近自然、多功能作为雨水管理的根本原则

纵观国际城市雨水管理的发展历史，可将其划分为水量管理、水质管理和可持续发展三个时期。随着人们对城市水系统和水文过程的不断深入了解，城市雨水管理的含义和内容逐渐扩展——由最初的排水蓄涝，逐步发展到对非点源污染的控制和预防、对城市水生态系统的关注，直至综合考虑水资源保护与利用、生物多样性保护、城市美化、环境教育等方面的问题。城市雨水管理不能局限为单一目标的排水（水利）工程或环境治理工程，应以可持续发展思想为指导，通过尽可能地遵循和恢复自然水文过程，将雨水控制利用与城市水系统、绿地系统乃至城市整体生态系统相协调，并利用雨水创造优美宜人的城市景观和空间。

美国、英国、澳大利亚、新西兰、德国等一些国家，经过多年的研究和应用，已经形成了比较完善的现代城市雨水管理体系。雨水管理体系的方法和措施大部分已超出传统的市政工程领域，而是涉及土地利用、景观、建筑、道路、水利等城市建设的各个方面。

（2）技术手段上强调源头控制、生态优先、灰绿结合

从雨水管理的技术手段上来说，国外主要在以下几方面有所转变和突破：一是从雨污的末端治理，发展为源头控制、预防优先。源头控制比庞大的管道工程和污水治理工程花费低且与自然水循环协调一致，还能够减少地表径流，成为许多国家城市雨水管理的优先选项。二是从单一工程手段为主，逐渐过渡到工程化、非工程化措施相结合。目前非工程管理措施已经在城市雨水管理中发挥着重要作用，其使用范围不断增加。三是加强对雨水管理措施的长期监测和评估。通过对

已实施的雨水管理项目和具体技术手段运行、维护和效果进行长期监测与评估，可以及时检验雨水技术手段的有效性，提高设计管理水平，并为制定相关的技术标准以及法律、经济政策提供依据。

（3）建立完善的法律、行政、经济保障体系

城市雨水管理是一项跨地区、跨部门、跨行业的系统工程，因此需要综合考虑，通过行政、法律和经济等多种手段对城市雨水管理进行统筹规划和管理。建立责权统一、运行有效的城市雨水管理体制，加强城市雨水资源利用的体制保证。尽快制定城市雨水利用和管理的法律法规和条例，规范相关利益主体的行为，调整相关部门的利益冲突。同时，通过各种经济杠杆来调动市场利用雨水的积极性，通过税费改革、财政资金奖励、投融资模式创新等多种经济手段的调控，推动城市雨水管理、海绵城市的建设。如当前海绵城市试点城市，建立了以政府为主导的海绵城市建设办公室，该办公室起牵头作用，协调规划、园林、水务、道路等部门，建立了海绵城市建设的规划、建设方面的管理制度和机制，协调城市总体规划、控制性详细规划、城市蓝绿线的划定落实海绵城市建设的各项要求。同时形成以政府为主导，社会资本可投资管理的 PPP 模式撬动民间资本的经济发展模式。

（4）结合城乡规划和绿地建设落实雨水管理

要实现雨水资源的高效利用和城市可持续发展，必须突破以场地尺度雨水利用工程为主的行动策略，应在区域或城市尺度上，将城市水系统作为一个有机整体进行统筹协调，并综合考虑城市自然条件、土地利用、基础设施建设和经济发展水平等因素，系统地解决城市雨水管理问题。城市绿地是城市重要的不透水下垫面，同时也是重要的绿色雨水基础设施，而城市规划对于统筹人口、经济、资源和生态环境之间协调发展，优化城市水生态系统具有重要作用。因此在城乡各级规划的编制过程中，应把雨水管理提高到资源节约、生态环境保护与城市可持续发展的高度加以重视，从规划理念、编制方法、指标体系、控制导则和管理等多方面进行创新，与城市绿地系统相结合，探索雨水管理和规划结合的途径和方法，落实海绵城市中的绿色雨水基础设施（王思思，2009）。

2.3　绿色雨水基础设施的缘起及国际案例

2.3.1　绿色雨水基础设施的缘起

绿色基础设施是指"自然区域和其他开放空间相互连接的网络，该网络有助于保存自然的生态价值和功能，维持洁净的空气和水源，对人类和野生动植物大

有裨益，是服务于环境、社会和经济健康的生态学框架。""同绿色空间相比，绿色基础设施则表达为我们必须有的事物，为保护和恢复我们的自然生活支持系统的工作是必需的，而不是为了怡情。绿色空间被视为是可以自我维系的，而绿色基础设施则表达了绿色空间和自然系统一定要被积极地保护、管理，有些情况下还应被修复。"（Benedict and Mc Mahon，2006）

绿色基础设施在城市雨洪控制领域的体现则是绿色雨水基础设施（Green Stormwater Infrastructure，GSI），最先由西雅图公共事业局提出，泛指用于雨洪管理领域内的各种绿色生态措施，以可持续的、与自然充分和谐的及多功能的手段解决城市雨洪问题，并以恢复与构建城市良性水文循环、保护生态环境为最高目标（Tracy，2008）。

根据径流产生、运输和排放过程，绿色雨水基础设施可根据所处位置和处理的雨水径流来源不同，分为源头、中途和末端三类。这里的位置具有相对性，在场地层面，源头指产生径流的汇水区，中途指径流运输的途径，末端指径流最终汇集排放区；在区域层面，源头可包括建筑与小区、停车场等，中途可指街道、雨水管渠，而末端可指河道、公园、大型湿地。

2.3.2 美国纽约市绿色雨水基础设施规划

（1）规划思路和目标

纽约是世界上最大的滨水城市之一，拥有长达 96.6km 的滨水岸线，如何保障城市水环境一直是纽约市面临的重要问题。在工业时代，纽约市水体的污染曾严重影响市民的生存质量。19 世纪 90 年代，纽约市建造了第一座污水处理厂和污水管道系统。随着水环境质量投入的增加，河道水体的质量得到了较大改观，大多数海滨港口的水质已经能够供市民休闲娱乐。如今，纽约市污水处理厂的数量已经增加到 14 个之多，合流制管道系统溢流控制率达到 75%（DEPNYC，2010）。

然而，纽约市大约三分之二的管道系统属于合流制，在雨量较大时，合流制管道系统的溢流将通过全市的 442 个排放口直接排入水体，这会导致大部分港口区域水质恶化，不能进行游泳、垂钓等休闲娱乐活动。因此，如果合流制溢流不能被彻底解决，纽约市水体的水质仍然不达标，合流制溢流已成为制约纽约市水环境的重要瓶颈。

治理合流制溢流的传统做法是对管道系统和污水处理厂进行升级改造，但建设如此大规模的"灰色"基础设施既需要大量的财政投入，同时也不能带来其他方面的环境效益，这与纽约建设"绿色城市"的发展思路相违背。因此，纽约市采用了更加可持续的绿色雨水基础设施方案，拟通过这一符合可持续发展与低碳生态发展理念的新途径，低成本地解决合流制溢流问题，并为城市带来显著的环境与社会效益。

环保局通过论证认为，由于纽约市排水系统大多为合流制，完全摒弃现有的排水系统、改造为分流制系统并不合理，因此绿色雨水基础设施规划的基本理念是将绿色雨水基础设施与原有排水系统改造相结合，即在整个城市范围内建设绿色雨水基础设施（即雨水的源头控制措施系统），并对原有管道系统进行适当的改造升级，通过两者的有机结合来实现水质改善的总体目标。

纽约市通过绿色雨水基础设施规划拟达到以下目标：1. 每年额外减少1438万 m^3（38亿加仑）的合流制管道溢流，或者比灰色基础设施规划多减少大约757万 m^3（20亿加仑）；2. 通过绿色雨水基础设施和其他源头措施控制合流制地区10%不透水地表的雨水径流；3. 提供可观的、可计量的可持续效益，如降低城市温度、减少能源消耗、增加土地价值、净化空气等（DEPNYC，2010）。

（2）规划内容

纽约市绿色雨水基础设施规划由三个主要部分组成——通过绿色雨水基础设施来控制10%不透水表面的雨水径流、建设低成本高效益的灰色基础设施、将现存的污水管道系统最优化（DEPNYC，2010）。

1）通过绿色雨水基础设施来控制10%不透水地表的雨水径流，这部分是此次绿色计划的最主要内容之一。有别于修复管道系统和升级污水处理厂等传统举措，它的理念就是尽量依赖自然水文循环过程来在降雨初期和源头收集雨水。通过对雨水径流的截留与滞蓄，减少进入合流制管道系统的雨水量，从而延缓径流峰值的时间，降低降雨初期管道系统以及城市道路的负荷。

源头控制措施是绿色雨水基础设施的核心部分。它是一种新型的、分散式的雨水管理措施——即模拟自然水文循环控制雨水径流。纽约市正在使用的或即将投入使用的源头措施包括：绿色屋顶、雨水桶、雨水花园以及透水铺装等。纽约环保局提出将在城市52%的土地上建设雨水径流的源头控制措施，并预计到2030年实现控制10%不透水面的目标。迄今为止，纽约市环保局在源头措施的实验项目上已投入了570万美元，并且承诺投入1500万美元用于绿色雨水基础设施的研究。这些研究将会获取大量有关绿色雨水基础设施运行过程及性能的数据，为今后更加合理、更加有针对性的绿色雨水基础设施规划提供科学依据。

2）建设低成本高效益的灰色基础设施

考虑到大规模应用绿色雨水基础设施的成本和具体实施中的困难，纽约市环保局也同时选择通过修复和完善原有的管道系统，构建低成本、高效益的灰色基础设施。具体来说，就是对有助于减少合流制溢流的灰色基础设施进行改造，主要包括：管道通风系统、污水处理厂的升级改造、河道疏浚工程等项目。到目前为止，改进后的管道系统已经能够缓解一定的合流制溢流问题。

3）将现有的污水管道系统最优化

现有污水管道的优化措施由一个复杂体系构成，包括：评估、分析数据、修复管道、改善现状和监测成果等。

环保局的人员通过土地使用情况和发展趋势的评估、分析，预测排水系统的负荷，从而将工作的侧重点放在那些合流制溢流问题严重的区域。应用诸如声纳与影像等技术，工作人员对截污管、防潮门等的状况进行勘测，及时了解管道的状况以便对其进行修复改善。在这一系列过程中，监测起到了重要的作用。正是通过对管道系统全面而翔实的监测，环保局的工作人员才能准确地把握状况并做出相应对策。

在最优化管道系统的同时，减少居民用水量也是规划中的一项举措。适当限制居民用水量能够缓解合流制管道的负荷，为雨水留出更多的储存空间。

（3）绿色雨水基础设施的技术措施

绿色雨水基础设施提供了一种解决城市雨水问题的新理念与方法，与景观规划设计等紧密结合，同时实现生态、环境和美学等多种功能。由于纽约市的发展已经趋于完善，因此环保局人员将侧重点放在建造能够便于改造和翻新的绿色雨水基础设施的技术措施，使之与现有的城市环境相融合。

纽约市各类屋顶大约占据了总不透水面积的 28% 之多，因此在屋顶上设置源头措施是环保局着重考虑的一方面（DEPNYC，2010）。目前有两种新型屋顶正在投入使用：绿色屋顶（Green Roof）和蓝色屋顶（Blue Roof）。绿色屋顶采用生物滞留手段对雨水进行吸收与净化。它由植被层、透水纤维和排水层构成较为复杂的结构，能够应用在大部分的城市建筑密集区。蓝色屋顶则采用非生物手段对雨水进行截流处理，使雨水能在屋顶贮存更长的时间之后再通过管道排出。蓝色屋顶也可以应用到城市的大部分区域。绿色屋顶应用了生物滞留技术，因此在建造成本上要高于蓝色屋顶；同时它对屋顶承重要求比较高。但同时，绿色屋顶能带来一些额外的生态效益，如吸收噪声污染和紫外线辐射等。

雨水桶（Rain Barrels）也是能应用到城市各个角落的绿色设施。它的占地面积较小，安装成本低廉，使用方便，不需要复杂的维护措施。雨水桶收集的雨水能够用于灌溉花园等日常生活中，使居民用水量相对减少，节约了宝贵的水资源。

透水铺装（Permeable Pavement）是具有渗透能力的路面，可以通过对现有不透水路面改造而成。在选择透水铺装的建造地点上，需要考虑的因素比较多，应尽量避免在交通流量大的区域实施，并且还要在实施前对土壤结构进行渗透性测试。在合适的区域建造透水铺装能在很大程度上缓解溢流问题。

环保局还综合应用各项绿色技术措施，以解决不同功能用地的合流制溢流问题。纽约市 6% 的不透水地表为停车场（DEPNYC，2010），因此对停车场的雨水径流进行控制就是重要内容之一。在停车场应用的技术措施包括：可透水沥青、滤污器、地表截流装置以及渗滤系统。通过合理设计，使这些技术设施相互衔接配合，从而更加系统地处理雨水径流。对于这类公共场所的改造，需要环保局与交通局、城市规划局等相关部门的密切配合。

（4）绿色雨水基础设施的成本 - 效益评估

相关研究和实践表明，实施绿色雨水基础设施的经济效益远高于传统灰色设施改造计划。纽约市环保局估测，到 2030 年，与"灰色计划"投入 68 亿美元相比，实施绿色雨水基础设施规划的成本仅为 53 亿美元。其中，源头控制措施的成本约为 24 亿美元，远远少于传统灰色计划中用于污水处理厂和管道系统扩建改造的 39 亿美元。在绿色雨水基础设施规划中，每减少 $0.00379m^3$（1 加仑）的合流制溢流的成本为 0.45 美元，而在"灰色计划"中这个数字为 0.62 美元（DEPNYC，2010）。

绿色雨水基础设施规划在成本上优于传统的基础设施改造计划，它大大减少了在基础设施上的改造投入以及日后的维护费用，同时对于能源的节约也使绿色雨水基础设施建设更为经济。与此同时，绿色雨水基础设施规划的投入很灵活。在实施规划一段时间后，可以根据成效再制定新的雨洪控制标准，制定新的投资计划。

在初期阶段，由于需要新建大量绿色雨水基础设施，所以其建设和维护费用会比灰色基础设施略高。但随着时间的推移，绿色雨水基础设施规划的成本会远远低于灰色规划，因为管道的建设、修复和污水处理厂的升级扩建会使成本居高不下。而采用绿色雨水基础设施规划，则只需定期对雨水基础设施进行适当维护就可以维持其使用。

（5）小结

纽约市通过充分论证与长期实践，出台了针对合流制溢流问题的绿色雨水基础设施规划。纽约市绿色雨水基础设施规划为我们呈现了改善城市水环境的全新途径，它是多目标、多任务、具有较强适应性的系统方法，能够以低成本的方式解决复杂问题，提供广泛的、多样化的、直接的生态和经济效益。此项绿色雨水基础设施规划的可贵之处在于它不盲目地推行某项新技术，而是因地制宜地针对城市历史和现状条件，在城市改造发展的过程中逐步融入绿色雨洪控制理念，将绿色雨水基础设施与灰色基础设施有机集合，既低成本、高效率地缓解了合流制溢流问题，也有助于构建一个更加绿色、生态的城市（Wang et al., 2011）。

2.3.3　美国西雅图市高点社区绿色雨水基础设施设计

高点（High Point）社区位于美国西雅图的西南郊，因其处于西雅图市的最高点而得名，占地面积48.5hm²。西雅图素有雨城之称，年平均降雨量约为900mm，雨季从每年的11月份到隔年的3月份，雨季月平均降雨量约为150mm。地势高加上雨季径流量大，导致高点社区面临洪涝频发、下游流域污染严重等问题。为了减少洪涝灾害，改善下游流域水质及区域生态环境，西雅图市政府与住房委员会合作，对高点社区进行重建，高点社区的规划设计基于LID的设计理念，采用紧凑建筑布局模式，构建慢行交通系统，并采用自然排水系统（Natural Drainage System，NDS），很好地解决了雨水带来的多种问题，原来破败的老社区如今已经成为一个可持续、高质量、宜居的绿色生活空间。该项目通过LEED-ND金级/白金级标准，并曾多次在美国及世界多个可持续发展组织及协会发起的绿色可持续评奖活动中获奖。

高点社区重建项目保护原有未受干扰的森林不被开发，已开发区域内原有123棵古树被保留了下来；对原有建筑进行了重新分区规划，采用了紧凑布局模式，建筑密度由17.9户/hm²增加到40户/hm²，释放出更多的开放空间；对原有路网进行整合，在满足交通要求的前提下缩小车行道宽度，多出来的道路空间布置自然排水系统及人行道，人行道采用透水铺装的形式，原有道路的不透水面积减少了近50%，这样的设计也使社区道路呈现出优美的生态街景（刘保莉，2009）。

高点社区重建项目将基于LID建设的雨水管理系统称作自然排水系统，综合采用了多种LID设施对雨水进行管理（图2-4，图2-5）。设计者根据不同场地条件，模拟自然的水文过程，因地制宜地运用了不同技术措施，源头措施如雨水花园、透水铺装、绿色屋顶等，中途措施如植被浅沟、渗透沟渠等，并在自然排水系统末端设置雨水湿地，对雨水进行深度净化和处理后将雨水最终排入下游流域（SvR Design Company，2004）。

高点社区源头及中途自然排水系统设计标准为2年一遇的24小时降雨，可以去除雨水径流中80%的总悬浮物（TSS），针对超出设计标准的大暴雨，高点社区的管道系统与雨水湿地的设计标准达100年一遇，以抵御洪涝灾害的发生（王佳等，2013）。

图 2-4 高点社区自然排水系统总体规划图

（图片来源：http://mithn.com/. 王佳改绘）

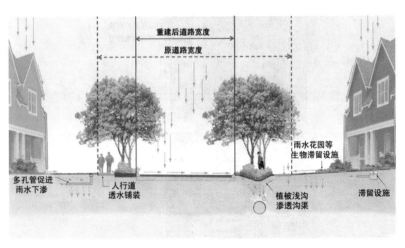

图 2-5 高点社区自然排水系统示意图

（图片来源：刘保莉，2009. 王佳改绘）

2.3.4 美国麻省大学校园雨水景观设计

麻省大学西南居住区中央广场改造项目由美国 Stephen Stimson 景观设计事务所主持设计。设计师改造了原本单调、破败的位于宿舍楼之间的广场，创造了人性化、使用便捷、融合区域自然与文化景观特征的开放空间。特别是构建了由雨水传输带和雨水花园组成的可视化雨水系统，使场地原先的不透水面积从 70% 减少为 40%，天然植被和透水铺装的面积从 30% 增长为 60%。该项目获得了 2012年波士顿景观设计师协会杰出设计奖。

（1）项目设计理念

场地整体设计灵感源自于康涅狄格河谷的自然和文化景观。设计师巧妙地将河流及田园牧场的空间结构和肌理融于场地设计中，构建了整体景观骨架——南北向的狭长形绿色走廊象征康涅狄格河，也是收集和传输周边广场和屋顶雨水的主要通道；绿色走廊串联起楼宇间的块状绿地，象征着河谷中的牧场和农田，也是雨水净化入渗和学生活动的主要场所（图2-6）。场地设计采用现代主义的元素，大量采用几何形体用于雨水景观的设计，选材和颜色质朴，与周边原有建筑风格协调统一。

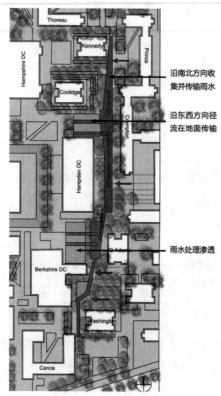

图 2-6　场地雨水系统总图 [①]

（图片来源：许露改绘）

（2）雨水设施和景观设计

A. 雨水传输带

场地南北向的主要景观空间是一条宽 1～1.5m 的雨水传输带。石条、金属板、

────────────

① 图2-6，图2-7的原图来自于麻省大学Robert Ryan教授所讲授的《Site Engineering》的课程讲义。

原木座椅和植物共同构成了结构丰富的浅沟，起到了收集转输周边建筑、道路和广场雨水的作用。石材全部采用废弃石块或再生石材，它们既象征着雨水的流动方向，同时也在冬季植物凋零时起到了丰富视觉体验的效果（图2-7，图2-8）。

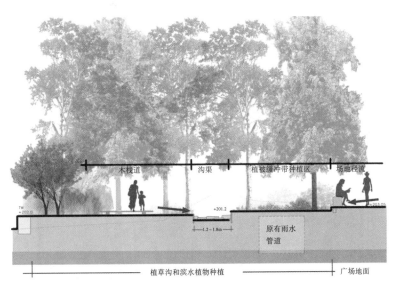

图 2-7 雨水传输带断面图

（图片来源：许露改绘）

图 2-8 雨水传输带实景图

（图片来源：作者自摄）

B. 下沉雨水花园

在场地东侧有两个集中的下沉式绿地，雨水经过收集转输后在这里进行集中净化和渗透。在下沉式绿地上方，搭建了金属坡道和木制平台，供游人行走、停留和活动。为保证行人安全，所有下沉式绿地的边界都设有金属挡板或栏杆（图2-9）。

此外，在宿舍楼和学生食堂周边，也设置了下沉式绿地，收集屋顶雨水。绿地中石条作为主要构成要素，形成了别具特色雨水花园。

图 2-9　下沉雨水花园

（图片来源：作者自摄）

C. 增加可渗透铺装

设计师将道路和广场上原先破损的路面材料更换为灰色透水砖，还大量应用了碎石、花岗岩石块、木条等铺装材料，增加了可渗透铺装的比例和雨水渗透能力。通过透水砖和原有材料的对比，以及不同颜色的砖块拼搭出几何线形，增强场所空间特色（图2-10）。

图 2-10　可渗透铺装

（图片来源：作者自摄）

D. 植物景观营造

植物种植分为森林、田地、滨河和湿地四种类型。其中，种植在雨水传输带的植物有：北美红枫（*Acer rubrum*）、树唐棣（*Amelanchier arborea*）、白柳（*Salix alba*）、酸模树（*Oxydendron arboreum*）、边缘鳞毛蕨（*Dryopteris marginalis*）、柳枝稷（*Panicum virgatum*）、北美冬青（*Ilex verticillata*）、桤叶山柳（*Clethra alnifolia*）、柔枝红瑞木（*Cornus sericea*）；种植在雨水花园的植物有黄背栎（*Quercus bicolor*）、多花蓝果树（*Nyssa sylvatica*）、北美檫树（*Sassafrass albidum*）、粗皮山核桃（*Carya ovata*）、弗吉尼亚鼠刺（*Itea virginica*）、分株紫萁（*Osmunda cinnamomea*）、西伯利亚鸢尾（*Iris siberica*）、蛇鞭菊（*Liatris spicata*）。这些植物能够很好适应当地环境，特别是冬青、红瑞木等植物起到了丰富冬季景观效果的作用。

第3章　海绵城市建设与绿色雨水基础设施

3.1　如何理解海绵城市？

"海绵城市"这一术语的提出源自于行业内和学术界习惯用"海绵"来比喻城市的某种吸附功能。近年来，更多的学者是将海绵用以比喻城市或土地的雨涝调蓄能力（俞孔坚等，2015）。"海绵城市"、"城市海绵"、"绿色海绵"、"海绵体"等概念，在不同学科、不同场合得到了广泛应用。尽管表述有所不同，其核心思想是一致的，即"海绵城市"直观地表述了具有"海绵特征"的城市，而其他概念的"海绵"重在描述具有海绵功能的载体。根据住建部《海绵城市建设技术指南》，"海绵城市"是指城市像海绵一样，下雨时吸水、蓄水、渗水、净水，需要时将蓄存的水"释放"并加以利用。广义的"海绵城市"是指在适应环境变化和应对自然灾害等方面具有良好的"弹性"，即创造一个更有弹性、恢复力的城市系统，以应对未来气候变迁、城市开发所带来的环境冲击与改变。《国务院办公厅关于推进海绵城市建设的指导意见》中指出："海绵城市是指通过加强城市规划建设管理，充分发挥建筑、道路和绿地、水系等生态系统对雨水的吸纳、蓄渗和缓释作用，有效控制雨水径流，实现自然积存、自然渗透、自然净化的城市发展方式。""通过海绵城市建设，综合采取'渗、滞、蓄、净、用、排'等措施，最大限度地减少城市开发建设对生态环境的影响，将70%的降雨就地消纳和利用。到2020年，城市建成区20%以上的面积达到目标要求；到2030年，城市建成区80%以上的面积达到目标要求。"在海绵城市建设中，应坚持生态为本、自然循环，坚持规划引领、统筹推进，坚持政府引导、社会参与。

海绵城市的建设需要有长远、综合的目标与策略，以水循环的修复带动城市生态系统和自然系统的修复，从微观尺度上达到就地消纳雨水、控制径流污染，改善生活居住环境；中观尺度上减缓城市内涝、缓解城市热岛效应及应对气候问题；宏观尺度上维护水循环的平衡过程，保护生物多样性和恢复生物栖息地。海绵城市是打破城市各个部门与专业壁垒的可持续性城市发展模式，以城市雨洪管理为核心，通过以绿色与灰色雨水基础设施的结合，落实与水相关景观要素与土地开发建设模式，构建水生态基础设施，修复破碎的城市生态系统，利用生态系统的服务功能、实现城市应对多重灾害与环境问题的弹性、实现城市的可持续发展等多重目标⋯⋯

3.1.1　海绵城市是生态文明建设下城市发展方式的转变

党的十八大首次提出"美丽中国",将生态文明建设纳入"五位一体"总体布局。2016年,联合国规划署发布了《绿水青山就是金山银山:中国生态文明战略与行动》报告。2017年,习近平同志在十九大报告中,肯定了十八大以来提出的成就,并明确表示要加强生态文明体制改革,建设美丽中国,坚持人与自然和谐共生的理念。

2015年,住建部下发文件,同意将三亚列为城市修补、生态修复、海绵城市和综合管廊建设城市试点城市。2016年2月,《中共中央国务院关于进一步加强城市规划建设管理工作的若干意见》提出"推进海绵城市建设,恢复城市自然生态"。2017年3月,住房城乡建设部印发《关于加强生态修复城市修补工作的指导意见》,全面开展"城市双修"推动城市转型发展。2018年3月,第十三届全国人民代表大会第一次会议审议并批准的国务院机构改革方案,组建自然资源部。自然资源部的成立有助于我国的自然资源从多头管理向一头管理,有助于实现多规合一及生态城市、生态基础设施的建设。从生态文明的提出、实践以及城市双修的试点开展,都充分说明了当前我国城市环境中面临的迫切问题,需要靠自然生态系统即绿色基础设施的疗愈。而应对城市水环境问题,更是需要绿色雨水基础设施发挥作用。

海绵城市建设是落实生态文明的重要举措,但这种理念的推行实施无疑需要上到地方政府下到各行各业、企业、市民的理念转变与行动支撑。如规划部门需要由以往的强度指标控制转变到梳山理水后营城的转变,园林部门从单纯的装饰性景观营造到兼顾生态系统服务、生态安全的观念转变,给排水部门从传统的快排、末端处理解决问题到源头、中途、末端系统化考虑的转变,水利部门从工程治水向生态理水的方向转变,财政部门从工程付费到向效果付费的转变,企业部门从资源高消耗、工程营利性,向资源节约与环境友好型的绿色产业、项目建成后妥善运营维护与保证建设效果的模式发展,大众需要从装饰性、高消耗型景观审美观念到寻常的景观、生态型景观的审美转变⋯⋯

3.1.2　海绵城市的核心与落脚点是现代城市雨洪管理

尽管海绵城市建设是城建领域落实生态文明建设的重要举措,并逐步发展为涵盖内涝防治、黑臭水体治理的城市综合水治理。但我们仍需把握海绵城市的核心与落脚点，即现代城市雨洪管理，其核心目标体系包括径流总量控制目标、径流峰值控制目标、径流污染控制目标、雨水资源利用目标。通过构建源头径流控制系统、城市雨水管渠系统、超标雨水径流排放系统、城市水利防洪系统四套系统，来实现海绵城市建设中的各项目标，同时需要城市污水系统、给水系统、其他涉水系统的密切协同（张伟、车伍，2016）。

由于水系统的复杂性和海绵城市建设的全覆盖性，上述雨洪管理综合目标的实现，迫切需要给排水、水利、景观、规划等多个专业的协作与配合完成。首先，各行各业都需要抛弃以往的错误认知与各自为政，加深在新的环境形势下所面临的迫切问题的学习与沟通。其次，在海绵城市建设中，针对项目不同的问题与尺度，有不同的侧重点，如项目中黑臭水体问题严重，则第一要义是解决黑臭水体，黑臭水体的治理是城市水环境的重要保障，其治理路线控源截污与海绵城市的前三套系统密切相关，而内涝治理、生态修复与活水保质与海绵城市的第四套系统关系密切，需要多部门与专业的广泛配合。而在新建成区内，绿色雨水基础设施及生态本底的判别，需要规划、景观、生态等专业的主导，而具体的径流总量、径流峰值、雨水资源化利用、径流污染则需要给排水、水利等多部门的配合与协同，在满足这些雨洪管理的基础上，如何建设以人的需求、人的体验、人的感受为出发点的景观，则又需要回归到景观专业上，否则海绵城市建设只能是停留在满足于雨洪管理各项要求与指标建设上的工程景观，并未从实质上让人们的生活更加宜人、亲近、舒适，建立有归属感和基于地方特色、场所精神的景观。在海绵城市建设中，需要根据不同城市及项目的具体问题和条件，针对雨洪管理的各项目标，从实际出发，各部门、各专业、各环节之间相互配合、创新思考、扎实工作，确立系统关系和轻重缓急，因地制宜地解决场地需求和问题，才是根本之道。

3.1.3　海绵城市的目标是修复水生态系统服务

俞孔坚等（2015）认为，水环境与水生态问题是跨尺度、跨地域的系统性问题，也是互为关联的综合性问题。诸多水问题产生的本质是水生态系统整体功能的失调，因此解决水问题的出路不在于河道与水体本身，而在于水体之外的环境。如：大量的雨并不是落在河道里，所以防洪没有必要仅仅死守河道；主要污染源非水体本身，所以，水净化的解决之道也不在于水体本身。解决城乡水环境问题，必须把研究对象从水体本身扩展到水生态系统，通过生态途径，对水生态系统结构和功能进行调理，增强生态系统的整体服务功能。

笔者认为，海绵城市建设的实质是修复城市水文循环，以水为驱动，修复城市生态系统的诸多问题。改善城市生态环境，从而在源头上预防和解决各种雨水问题的发生。而跨尺度的绿色雨水基础设施，能提供多种多样的生态系统服务：（1）支持服务：水文过程、生物地球化学过程、维护生物多样性；（2）供给服务：提供淡水、水产品、工业原材料；（3）调节服务：调节径流、净化水质、调节小气候；（4）文化服务：美学享受、环境教育等。故绿色雨水基础设施所能够提供的这些生态系统服务功能与海绵城市建设追求的终极目标是高度一致的。这也是在海绵城市建设中需要重视生态系统服务功能、建设跨尺度的绿色雨水基础设施（水生态基础设施）的根本原因。

3.1.4　应充分运用生态智慧、生态技术与重塑人与自然的关系

在海绵城市建设中，应不拘一格地应用生态智慧实践（Xiang，2014），博采古今中外的生态技术，对于实现各种雨水控制利用目标，具有事半功倍的作用。如荣获世界灌溉工程遗产和世界农业文化遗产的湖南紫鹊界梯田，采用无坝引水并利用天然林木蓄水和地形自流灌溉造就了丰饶多产的梯田景观。而现代生态工程，如新型人工湿地技术、生态驳岸技术、低影响开发技术等，也已经被证实可以实现海绵城市的各项功能（刘丽等，2017）。

海绵城市的建设需要根据场地条件，因地制宜地采用绿色雨水基础设施、灰色基础设施或二者相结合的途径。如在市域层面，城市生态系统的发展与维持需要足够的生态基础设施，提供诸如食物供给、气候调节、旱涝调节等生态系统服务功能。在建设区范围内，由于城市土地资源和空间有限，老城的改造建设往往在灰色基础设施提升改造基础上见缝插针地规划设计绿色雨水基础设施；新城的建设中，则需要判别和保留生态本底，优先考虑绿色雨水基础设施，然后建设必要的灰色基础设施。在海绵城市建设的四套系统中，如低影响开发雨水系统，需要的是从源头上消纳雨水径流，多采用的是绿色雨水基础设施如雨水花园、绿色屋顶；而雨水管渠系统，主要形式是城市雨水管网、城市排水管网和河道灌渠等，以灰色基础设施为主；在超标雨水系统中，河流灌渠超高部分、道路、下沉绿地等都可以作为雨水的排泄路径，而在极端降雨情况下，日本江户川采用深层隧道作为超标雨水系统中雨水排泄通道，以灰色基础设施与绿色雨水基础设施相结合的方式；在水利防洪系统中，则更需要大尺度的绿色雨水基础设施，如天然湿地、河湖水系、蓄滞洪区等来消纳雨水径流。在具体场地中，灰绿结合也尤为重要，如绿地内的低影响开发布局、调蓄水位等应与城市雨水管渠系统相衔接，雨水在进入绿地等低影响开发设施之前应尽量设置前置塘、沉淀池等对绿地内的雨水进行预处

理,防止对绿地环境造成破坏。鉴于绿色雨水基础设施能提供的多种生态系统服务,海绵城市的建设根据当地条件与项目尺度,优先选用绿色雨水基础设施,通过绿色基础设施与灰色基础设施相结合的方式实现建设目标。

人类从农业时代走来,经历了工业时代、后工业时代,到现在快速发展的城市化下的生态文明时代,人与自然的关系更加疏离,过度地依靠灰色基础设施来解决环境中的种种问题,解决方式往往单一而碎片化,忽视了自然水循环的特征与自然循环中能量与信息的流动。在当下的城市发展环境下,绿色基础设施与城市棕地、乡土景观、文化景观的结合,将是重塑人与土地伦理关系、人与自然关系的重要契机。

以绿色雨水基础设施为代表的生态技术的另一个特点是具有可探索性、可亲近性、疗愈性、自然教育等多重优点。传统的灰色基础设施,往往具有机械单调的形象,或不为人所见,使人们意识不到水的循环流动过程。而绿色雨水基础设施,例如人工湿地处理系统、雨水花园等,通过科学、艺术化的设计,可以彰显出生态系统的循环与力量,让人们感知到自然的力量,风的循环、水的流动、虫走、鸟飞等自然的生发与时令节律,同时也能更好地让人意识到人类的行为对自然循环产生的影响,促进人水关系转变,从而传播和践行海绵城市的理念。

3.2 海绵城市建设与绿色基础设施的关系

3.2.1 绿色雨水基础设施的概念内涵

正如第 2 章所介绍的,低影响开发、水敏感城市设计、可持续排水系统、绿色基础设施已作为新型城市雨洪管理模式,在美国、英国、德国、澳大利亚、新西兰、日本、中国等国家推广实施。绿色基础设施定义有广义和狭义之分。广义的绿色基础设施多应用于城市规划、景观设计领域,指"维护自然生态系统的价值和功能的自然地域和开放空间网络"(Benedict and Mc Mahon,2006)。随着时间的推进,绿色基础设施也向更多相关专业延伸,其概念与内涵不断得到新的诠释。Jack Ahern 结合美国的绿色基础设施发展阶段,大致将其分为四个阶段:"(1)在快速的人口增长与城市发展背景下,在土地开发之前,基于自然生态系统背景,辨别需要保护的河流廊道、溪流,采取保护策略,维护自然生态系统的连接性,以保证水源与生物栖息地的连接性等。(2)第二代绿色基础设施是第一代绿色基础设施的适应与更新,需要采取更加积极主动的策略,应对更多主要的城市问题如合流制溢流制问题,而雨洪管理是第二代绿色基础设施的推动者,代表案例有美国斯塔滕岛的'蓝带规划'。(3) 第三代绿色基础设施,是综合而多功能的,它结合城市绿化、城市形态而发展,结合生物技术,其生态系统服务被强调而识别,成为城市的标志与身份。如中国的海绵城市、新加坡的水敏城市。(4) 第四代绿色基础设施,结合城市生态系统,参与城市生态系统多样性和生物地球化学循环,结合生物技术与多种复合工程技术,采用适应性设计来构建弹性的城市生态系统。"

美国环保局(EPA)将绿色基础设施描述为:"与灰色基础设施相对应,通过在源头对雨水进行减排和净化,从而提供广泛的环境、社会和经济效益,是一种成本效益更优的、弹性的雨水管理方式"。这种狭义的绿色基础设施定义更突出强调其雨洪控制利用和水文调节功能,是广义绿色基础设施在城市雨水控制利用专业领域的具体体现。因此西雅图公用事业局也把其称之为"绿色雨水基础设施"(Green Stormwater Infrastructure),主要包括生物滞留池(雨水花园)、渗透铺装、绿色屋顶、蓄水池等(Tracy,2008)。由此可见,不论是广义的还是狭义的绿色基础设施,不论是宏观尺度的开放空间网络,还是微观尺度上的源头雨水设施,都对维持区域水文平衡、调蓄雨洪发挥着重要作用,是海绵城市建设的重要组成部分。本书认为绿色雨水基础设施既包括广义上的维护区域生态平衡的开放空间网络,又包括狭义上强调雨洪控制利用和水文调节的绿色雨水基础设施,只有两者相互配合,才能系统地解决当前城市水环境问题。

绿色雨水基础设施带来的最直接的环境效益包括控制雨洪峰值,减少雨水径流量,控制雨水径流污染,减少合流制管道系统溢流量和溢流频率。除此之外,绿色雨水基础设施还可产生一系列的经济效益和社会效益,包括区域土地增值,降低传统(灰色)基础设施的投资和运行费用,降低能源消耗,提高绿化率,增加绿色空间,为市民提供舒适的居住环境、环境教育等。这些优势都是通过传统方式对基础设施进行改造所无法比拟的。

美国环境保护局通过论证认为,绿色雨水基础设施效益成本比较高,能够提供满足人们需求的环境产品和服务,具有很强的可持续性。目前,美国纽约、华盛顿、费城、芝加哥、西雅图、波特兰、堪萨斯、密尔沃基等城市或区域都将绿色雨水基础设施作为改善城市水质、控制合流制溢流(Combined Sewer Overflows,CSOs)的重要手段(王思思等,2018)。

3.2.2　绿色雨水基础设施是海绵城市建设的重要实现途径

绿色雨水基础设施系统与灰色基础设施系统的结合是解决我国城市水问题的

必由之路（图3-1），从宏观尺度到微观尺度，绿色雨水基础设施可以与城市的水利防洪系统、大排水系统、小排水系统、微排水系统（即城市水利防洪系统、超标雨水径流排放系统、城市雨水管渠系统与低影响开发雨水系统）相互补充，共同作用，提升城市雨洪管理能力和实现多种生态功能。因此，绿色雨水基础设施与海绵城市中的灰色基础设施系统建设、雨水排放管理制度建立有着密切的关联，也是城市规划必须考虑的重要因素。

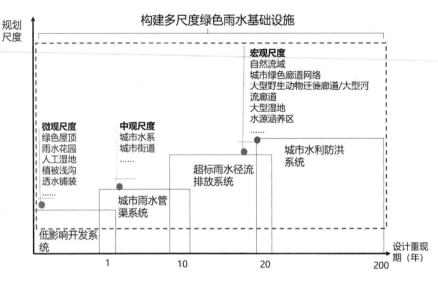

图3-1 多尺度城市绿色基础设施与城市水系统关系示意图

（图片来源：作者绘制）

微观尺度的绿色雨水基础设施，重点是针对降雨频率较高的中小降雨事件，主要技术措施包括雨水花园、绿色屋顶、下沉式绿地等；中观尺度的绿色雨水基础设施主要对应城市雨水系统，包括绿色街道、城市河道及滨河绿地，起到调蓄周边地块雨水作用的湿地及公园绿地等；宏观尺度的绿色雨水基础设施是大排水系统和水利防洪系统，是流域生态系统的重要组成部分，一是针对超标降雨径流，起到城市雨洪调蓄的功能，主要措施包括人工构建的大型雨水塘、雨水湿地、多功能调蓄设施等，二是起到流域水文调节功能的大型河流廊道、自然湿地洼地、水土保持区、地下水渗透区等（表3-1）。

不同尺度的绿色雨水基础设施都有其最适的服务范围，在规划设计时应考虑尺度效应并充分发挥各个尺度绿色雨水基础设施的生态系统服务（刘丽君等，2017）。

不同尺度绿色雨水基础设施的生态系统服务功能　　　　　　　　表 3-1

空间尺度	绿色雨水基础类型	与水相关的生态系统服务	实例	资料来源
宏观	河流廊道	雨洪管理、动物栖息地、棕地修复、改善水质、净化河水、削减雨水径流污染物、恢复河流生态	宁波生态走廊	ASLA, 2013
	大型湿地	维持生物多样性、调节气候、调蓄雨洪、生物栖息地	美国大沼泽湿地公园	张立, 2013
	绿道网络	野生动物走廊、生物栖息地、滞蓄雨洪水、净化水质、调节气候	美国波士顿公园系统	Eliot, 1986
中观	城市湿地公园	生物多样性保护、生物栖息地恢复、净化水质、滞蓄雨洪水	美国密歇根州底特律市克罗斯温茨湿地	杰克·埃亨、周啸, 2011
	城市滨水区	水质净化、滞蓄雨洪水、恢复水生态、空气净化、环境教育	美国芝加哥滨河步道	Ross Barney Architects, 2009
	绿色街道	管理道路雨洪、缓解城市热岛效应、增加遮阴等	美国马里兰州国会山高地镇、西雅图 Sea Street 等	Low-Impact Development Center, 2012
微观	绿色屋顶	削减雨水径流总量、减少径流污染物、降低能源成本	美国密歇根州工业区的 Dearborn 工厂	搜狐网, 2018
	雨水花园	减少峰值流量和径流量、减少径流污染物	美国波特兰州立大学住宅区	孙奎利, 2014
	小型人工湿地	净化水质、生物栖息地	上海世博园后滩湿地	张饮江等, 2007
	……			

由表 3-1 可以看出，某一特定尺度的绿色雨水基础设施，对应着最佳的生态系统服务功能。例如，雨水花园等源头低影响开发设施对减少峰值流量、净化水质发挥重要作用，但仍需要将城市雨水湿地、河流廊道、洪泛区等大型 GSI 吸纳进来并与灰色基础设施共同发挥作用才能系统解决防洪排涝问题；城市内部的大型湿地、坑塘对缓解城市内涝有一定的贡献，但位于下游的河流贡献却较小；而对于维持物种迁徙、维持区域水资源平衡和水文过程、生物栖息地退化等问题，则需要宏观层面的 GSI 发挥整体生态效应，解决这些区域性、综合性问题。同时，多尺度 GSI 是一个相互作用的过程，如微观尺度的雨水花园，会影响宏观尺度上雨水湿地的规模、洪峰流量和时间等；微观尺度上解决不了的问题，可以在宏观尺度上加以解决，因此不同尺度的 GSI 在功能、规模、布局等方面是相互联系与补充的，

因此在规划时也应予以统筹考虑。

另外，由于 GSI 规划通常跨区域实施，需要跨界多个行政区域进行协调，同时与当地经济情况及空间尺度有关，使 GSI 在规划重点、规模、类别上呈现明显差异，应合理的解析景观尺度，确定规划设计时选用的 GSI 类型，使其成为可持续发展的重要战略之一（刘丽君等，2017）。

3.2.3　绿色雨水基础设施与城市绿地的关系

绿地是城市用地的重要类型，也是生态系统的重要组成部分。作为城市最主要的透水下垫面，绿地良好的渗透性能够下渗雨水，有效减少径流的外排量，补充地下水；在集蓄过程中同时延迟降雨在地面的集聚，推迟峰值时间。除了可消纳大量的雨水径流，绿地也能够对初期雨水径流污染过滤和净化。绿地中的土壤以及底下的土层能够过滤、截留部分的固体杂质；土壤中由于多年的草木干枯后含有丰富的微生物和腐殖质，能够分解一些有机污染物；绿地中植物的根系能够吸收分解后的有机污染物和部分无机污染物。一些植物对重金属污染物具有高效的吸收能力，选择种植这些物种可提高特定污染物的去除效力。因此，绿色雨水基础设施可通过城市内大量的绿地空间来落实。

城市绿地占城市总面积的比例常常超过 20%，充分利用这些绿地进行雨水控制利用，能够在相当程度上缓解城市的雨洪问题。绿色雨水基础设施要达到的是生态的、综合的目标，强调与植物、水体等自然条件相结合。它所涉及的与雨水、土地、环境相关的问题与城市绿地之间关系密切，且绿色雨水基础设施的核心理念和技术措施均可在绿地规划设计中运用。因此，将城市绿地和绿色雨水基础设施相整合构建城市的"绿色海绵"，能够更加有力的实现自然资源的可持续利用、保护和改善生态环境、创造人与自然和谐的景观。

城市绿地是大部分绿色雨水基础设施的空间载体，不同类型的雨水设施根据其位置、形状（点状、线状、面状）、规模、衔接关系等对城市绿地的位置、面积、形状和竖向有具体要求。典型绿色雨水基础设施在绿地中应用的条件详见表 3-2（程慧，2015）。

典型绿色雨水基础设施在绿地中应用条件　　　　　　　　　　　表 3-2

GSI 名称	与绿地关系	形状、规模	设施选址	土壤条件
绿色屋顶	◑	无固定形状，根据建筑屋面可利用的空间结构	建筑屋面、大型公建平台	根据种植的植物，对土壤的深度有不同要求

续表

GSI 名称	与绿地关系	形状、规模	设施选址	土壤条件
下沉式绿地	●	结合场地绿地形状设计；一般不宜超过绿地 50%	建筑与小区、道路、停车场、广场等周边小型绿地；公园集中绿地	砂土、沙壤土、砂质黄土较宜，渗透系数 k>10⁻⁶m/s；黏土、淤泥土、泥质黄土可适当减小下凹深度并设置溢流口
雨水花园	●	形式多样，其面积一般为不透水下垫面的 5%～10%	居住区、道路绿化带、停车场周边、公园绿地等	各类砂土、沙壤土为宜，地下水位低；黏土、淤泥土、泥质黄土可局部换土改善渗透系数并设置溢流口
生态树池	●	形状多为矩形，也有方形或圆形；面积一般为 1～3m²	道路、公园、广场等街边人行树等	同上
渗透铺装	◑	根据地表铺装材料，包括透水砖、嵌草砖等，有固定的形状	广场、停车场、人行道及车流量较少的道路	渗透性较好的土壤，包括砂土、沙壤土
植草沟	●	沿道路或排水方向呈线状；水平坡度不宜大于 1∶3，纵坡不应大于 4%	建筑与小区、道路两侧的绿地；公园、广场内的集中绿地等	一般土壤条件均适用，砂性土壤可在草沟表层铺设草毯或在进出水口堆置卵石以减小冲蚀
植被缓冲带	●	一般呈线状；具有一定的宽度	通常结合滨河绿地或景观水体等周边绿地布置	一般土壤条件均适用，砂性土壤有利于削减地表径流，黏土截污效果较好
雨水塘	●	形状不规则	公园、滨河等集中绿地；具有一定开放空间的城市功能区	土壤条件没有明显限制
雨水湿地	●	形状不规则	较大开放空间的居住区、工业区；公园、广场绿地或是需要控制雨水径流量的地区	适用于粘壤土、淤泥土、黏土地区；其他地区可采用防渗措施
多功能调蓄	●	根据场地条件设置，无固定形状和规模	公园、广场中的集中绿地；操场、停车场等均可	根据情况而定
……				

注：●表示与绿地关系紧密 ◑表示与绿地关系一般；特殊土壤地质条件，如湿陷性黄土或设施下部有其他建构筑物，需参考相关设计规范。

由表 3-2 可以看出，绝大部分的绿色雨水基础设施，如雨水花园、下沉式绿地、植草沟、雨水湿地、雨水塘等，都与城市园林绿地密不可分。这些设施能够充分利用植被、土壤、水体的滞留、下渗和净化能力，实现多功能、多目标的雨洪管理。

需要说明的是,表3-3仅仅是按照单一技术措施建立关系,是一种简单、直观的表达,并未列出在雨洪控制利用中涉及的所有绿色雨水基础设施,不能完全反映出绿色雨水基础设施与绿地之间的多层次的复杂关系。尽管一些绿色雨水基础设施与绿地的规划设计没有很大的直接关系,但在实际雨洪控制利用系统应用时通常是多种绿色雨水基础设施的组合从而与城市绿地产生紧密的间接联系。不同尺度下对应的绿地类型及适宜的绿色雨水基础设施详见表3-3(程慧,2015)。

城市不同尺度中不同类型绿地适宜的绿色雨水基础设施 表 3-3

尺度	对应城市绿地类型	绿地类型特点	绿色雨水基础设施
场地(微观)	附属绿地,如居住区宅前屋后的绿地、单位绿地、道路绿地;工业、商业绿地;小型公园绿地	尺度小、比较分散	绿色屋顶、雨水花园、下沉式绿地、植草沟、渗透铺装等
城区(中观)	城市公园绿地、广场绿地、小区集中绿地等	相对规模较大、比较集中、人类活动较多	小型雨水湿地、雨水塘、景观水体、植被缓冲带;绿色街道、绿色停车场
流域(宏观)	区域绿地、防护绿地、大型公园绿地、郊野公园、风景游憩绿地	规模大,人类活动范围较分散	大型湿地公园、滨水景观带等(多种措施的组合应用)

不同类型的绿地对于城市雨洪管理的适宜性不同。从表3-4分析来看,公园绿地类型多样,附属绿地的分布最广、和建筑的联系也相对紧密,因此这两类绿地相比其他几类城市绿地对于城市雨水管理来说更受关注。

不同绿地类型雨水管理可行性分析 表 3-4

城市绿地类型	定义及功能	与人接触程度	雨水管理可行性
公园绿地	向公众开放的、以游憩为主要功能,同时兼具生态、景观、文教和应急避险功能,有一定游憩和服务设施的绿地。包括综合公园、社区公园、专类公园、游园等四类公园	人类活动类型多样化,强度较大	不同类型的公园绿地适宜性不同,综合公园和社区公园相对更适合。需要将雨水管理融入绿地建设,发挥绿地涵养水源、调蓄雨水、保护生态等多重功能。提高绿地的复合生态功能
附属绿地	城市建设用地中除"绿地与广场用地"之外各类用地中绿化用地	居住绿地人类活动强度较大,工业、仓储用等绿地人类活动强度较小	类型丰富,分布较分散、受所依附的用地功能影响大。是源头雨水管理措施的最佳场地,可优化绿地与不透水面的布局,在绿地内尽量消纳雨水径流
广场	以游憩、纪念、集会、避险等功能为主的城市公共活动用地,绿化占用比例宜≥35%,当绿化用地≥65%广场用地时,计入公园绿地	人类活动强度大,建设强度大	根据广场的用地规模和类型,可承担雨水管理的需求,如雨旱两宜型广场及满足季节性客水需求

城市绿地类型	定义及功能	与人接触程度	雨水管理可行性
区域绿地	位于城市建设用地之外，具有城乡生态环境及自然资源和文化资源保护、游憩健身、安全防护隔离、物种保护、园林苗木生产等功能的绿地	人类活动强度小；建设强度小	具有优良的生态功能，是满足区域大海绵功能和落实区域尺度绿色雨水基础重要地区
防护绿地	用地独立，具有卫生、隔离、安全、生态防护功能，游人不宜进入的绿地。主要包括卫生隔离防护绿地、道路及铁路防护绿地、高压走廊防护绿地、公用设施防护绿地	人类活动强度小，建设强度小	根据防护的要求与绿地的类型，种植植物的类型、种植方式不同，确定宜采用的绿色雨水基础设施类型

（来源：改编自程慧，2015）

3.3　如何实施绿色雨水基础设施？

多尺度绿色雨水基础设施的构建需统筹协调城市开发建设各个环节。在规划过程中，需要以海绵城市专项规划和绿地系统规划为抓手落实绿色雨水基础设施，注重与城市总体规划、城市控制性详细规划、修建性详细规划、城市绿线划定、城市蓝线划定与生态红线划定及城市专项规划等各级各类规划的衔接，科学设定目标、合理布局、衔接各项绿色雨水基础设施。设计阶段应重点通过园林景观专业与给排水专业的配合协调，进行绿色雨水基础设施的平面与竖向设计，同时应因地制宜、创造性地解决场地实际问题，注意与灰色基础设施的衔接。绿色雨水基础设施的实施离不开相关法规、技术标准、规划建设管理制度的完善，这也是落实海绵城市建设理念的根本保证。绿色雨水基础设施构建途径示意图如图 3-2 所示。

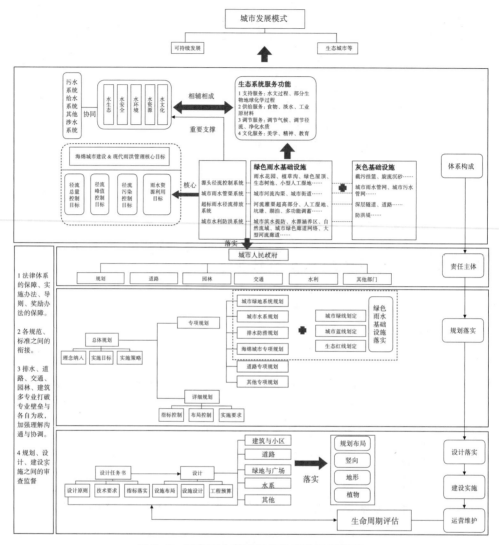

图 3-2　绿色雨水基础设施构建途径示意图

（图片来源：作者绘制）

第4章 绿色雨水基础设施的规划实现途径

4.1 绿色雨水基础设施规划的概念内涵

4.1.1 基本概念

绿色雨水基础设施（GSI）是一种跨尺度的生态空间网络，根据所处位置和处理雨水径流的来源不同可以分为源头分散式 GSI、中途传输型 GSI 和末端集中式 GSI。源头分散式 GSI 通常用于地块、土地开发单元等较小尺度用地；末端集中式 GSI 通常用于区域性等较大尺度的雨洪管理，在城市雨洪管理中通常起主导作用；中途传输型 GSI 作为"纽带"将源头分散式 GSI 和集中式 GSI 串联起来，形成网络体系，见图 4-1（程慧，2015）。

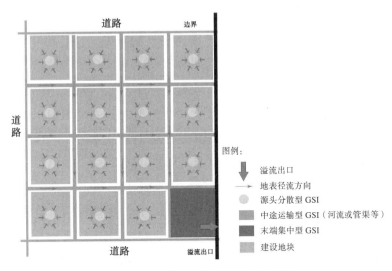

图 4-1 绿色雨水基础设施网络体系示意图

（图片来源：作者绘制）

城市绿色雨水基础设施规划遵从自然、生态的雨洪管理理念，综合考虑水生态、水环境、水安全、水资源等方面。作为城市规划的专项内容，可结合城市不同层级规划，对绿色雨水基础设施的措施类型、规模和布局进行系统规划。绿色雨水基础设施规划目标多元化，包括径流总量控制、峰值控制、内涝防治、径流污染控制和雨水资源化利用等（如图 4-2 所示）。

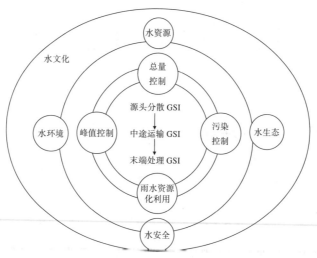

图 4-2　城市绿色雨水基础设施规划内涵

（图片来源：作者绘制）

4.1.2　基本原则

（1）生态为本和保护优先

保护山水林田湖草的自然生态本底，充分发挥植被、土壤等自然条件对雨水的截留和渗透作用，充分发挥湿地、水体等对水质的自然净化作用，保障城市良性自然水文循环。绿地（特别是种植高大乔木的绿地）、坑塘、水系等对雨水渗透、滞留及净化具有非常积极的意义，应大力保护城乡各类绿地的天然海绵功能和其他天然的绿色雨水基础设施，严格保护生态敏感区和水体。确保在维持城市安全和生态系统健康的前提下，增强绿地的水文调节功能。

（2）充分发挥绿色雨水基础设施的雨洪控制利用功能

重视和发挥绿色雨水基础设施在海绵城市建设中的作用，重视城市绿地系统规划、绿线规划、蓝线规划、水系统规划、生态红线规划等相关专项规划中与海绵城市专项规划的衔接，将雨水控制利用作为各项系统规划的重要功能进行统筹考虑，如在绿地系统中，与绿地相关规划目标和控制指标、布局和规模、绿地分类规划、树种规划等方面，应体现海绵城市建设的相关要求，并与其他专项规划相协调统筹考虑。

（3）结合水文地理条件因地制宜

全国各地区地形地貌、降水、水资源、水环境等情况差异大，应针对不同自然地理条件、土地利用现状和规划用途、城市规模和经济发展水平等，因地制宜、切合实际地提出绿色雨水基础设施控制利用的目标及技术措施。例如，对于缺水城市应重点考虑其绿色雨水基础设施对雨水的储存与利用，对于水污染严重的城市应强调绿色雨水基础设施对雨水的截污与净化，对于内涝问题突出的城市或地区应重视绿色雨水基础设施对雨水的渗透与调蓄等。

（4）结合新老城区特点进行规划

新建城区宜根据海绵城市雨水系统建设要求，结合各项控制指标和绿地系统及水系统布局，科学规划竖向关系和地表径流通道，形成覆盖开发地块、市政道路、公园广场、河湖水体等完整的绿色雨水基础设施与灰色基础设施相结合的雨水控制利用系统。老城改造中宜结合城市有机更新、绿色化改造和景观提升等项目机遇，尽可能增加城市绿地面积、优化布局，提升绿色雨水基础设施对于雨洪的渗、滞、蓄等功能，为各类绿色雨水设施的落实提供空间和衔接条件。

（5）多规划统筹与协调

城市绿地系统规划、城市水系规划等应基于海绵城市专项规划或排水防涝综合规划的雨水系统布局与竖向要求，同步优化协调总体规划中土地利用属性、指标、布局、竖向等，积极利用绿色雨水基础设施滞留、调蓄雨水，实现土地资源的多功能使用。在控制性详细规划与修建性详细规划阶段，基于雨水系统规划要求明确详细控制指标，并协同道路与交通规划统筹衔接红线及蓝线内外城市绿地空间。

4.2　绿色雨水基础设施规划的技术方法

绿色雨水基础设施规划方法的核心是绿色雨水基础设施的规模确定和布局。在场地尺度上，目前国内较常用的方法包括通过理论计算，确定雨水设施的规模大小。在场地或更大尺度上，运用水文模型和地理信息系统（Geographic Information System，GIS）软件进行水文过程分析和模拟，在国内也日益普及，不仅能够对径流过程、污染物迁移转化等过程进行模拟，而且可以实现对雨洪管理方案的有效性和经济性的评估和分析，具有广阔的应用前景（程慧，2015）。

4.2.1　水文模型模拟方法

模型是对现实的描述工具、评价工具以及预测工具。它基于系统理论试图解释或预测不同尺度和不同影响条件下水文的响应情况。目前，模型模拟是最常用的研究方法，它覆盖了从场地到流域的各种研究尺度，可在各个尺度上对水文过程以及雨洪管理的效果进行评价。模型的发展让复杂的问题简化，是对真实世界的抽象。但也正是这个原因，使模型模拟结果的真实程度成为模型的最大制约因素。

在雨洪管理方面，常用的水文模型有 SWMM、MUSIC、SCS-CN、MOUSE、Infoworks、SUSTAIN 等。应用模型模拟会遇到模型的选择问题，需要考虑以下几个方面：模型可以解决的问题、能够解决到什么程度、适合哪个规划阶段、对数据和人员的要求等。不同模型的侧重点不同，能够解决问题的程度也各异，各模型特点如表 4-1（程慧，2015）所示。

常见水文模型对比分析   表 4-1

比较方面	SCS-CN	SWMM	Infoworks	MOUSE	SUSTAIN	MUSIC	Digital Water
应用范围	主要用于小流域及城市的水文、水土保持和防洪工程等计算	主要应用于场地的规划和设计、径流水质和水量的单一或连续模拟；也可进行城市排水系统的优化模拟	主要用于城市排水管道的模拟，小到场地大到城市均可	主要预测小汇水区域的径流流量；也可进行中等汇水区域的排水管网模拟	对模拟区域的空间范围没有严格的限制，适用于各种尺度的 GSI 规划	适用于次汇水区域的概念设计或初步设计，也可对城市、郊区、森林等常见的不同产流区进行模拟	主要应用于场地的规划和设计、径流水质和水量的单一或连续模拟；也可进行城市排水系统的优化模拟；排水设施调度模拟
模型应用	降雨径流分析、雨水系统水流路径、动态水流路径方程、蓄滞分析	雨水设施和构筑物的设计、城市的雨水排放系统模拟、城市河道的防洪及污染物负荷能力、城市排水体系规划方案优化和评估等	城市流域环境影响分析、城市排水及积水分析设计、雨污水系统布局和调度优化设计、投资效益分析等	用于场地规划设计、雨水设施和构筑物的设计；动态模拟排水管网系统水位、流量、浓度等时间、空间变化过程；模拟污水系统实时控制运行情况、优化操作方式	不同尺度流域中实现雨洪管理方案的有效性和经济性的评估和分析	流域水质的预测、雨洪管理设施的效果评估、辅助雨洪综合管理方案设计及其决策、根据设计的雨洪管理预测工程造价	雨水设施和构筑物的设计、城市的雨水排放系统模拟、城市河道的防洪及污染物负荷能力、城市排水体系规划方案优化和评估、海绵城市建设评估、风险预警模拟等
GSI 模拟能力	—	生物滞留系统、植草沟、透水铺装、渗渠、雨水桶五种 GSI 的直接模拟；湿地、塘、绿色屋顶、渗透铺装的间接模拟	没有 LID 模块，但通过用户将 GSI 概化自定义，也可以实现 GSI 的模拟	湿地、塘、渗透铺装、绿色屋顶的间接模拟	生物滞留系统、植草沟、渗透铺装、渗渠、雨水桶、绿色屋顶、湿塘、干塘、雨水湿地	湿地、植被缓冲带、植草沟、生态滞留设施、渗渠、湿塘、滞留池、雨水桶等；过滤设施、渗透铺装、绿色屋顶的间接模拟	生物滞留系统、植草沟、透水铺装、渗渠、雨水桶五种 GSI 的直接模拟；湿地、塘、绿色屋顶、渗透铺装的间接模拟

续表

比较方面	SCS-CN	SWMM	Infoworks	MOUSE	SUSTAIN	MUSIC	Digital Water
优点	建模时考虑了土地利用类型对流域产流的作用；所需资料容易获取、结构简单、计算方便，模型率定相对方便	在地块尺度时可用SWMM模型预测研究区内采用LID技术调控前后的水文效应	提供了一套完整的排水系统模拟模块，能够模拟城市水循环；查询管网的不足和优化方案设计；可视化效果好；具有开放共享平台	适用于复杂的暴雨径流/污水管道排放系统；能够模拟河流中的DO、致病有机物或相关微生物指标	可评估为了达到水质和水量控制目标所采取的GSI措施的最佳布局、类型和费用	在最小模拟时间步长、处理方法数量上较其他模型具有优势，且涉及的水文知识相对易懂，应用前景广泛	在SWMM基础上深度开发优化，实现二维内涝模拟、方案及情景对比、海绵城市评估等功能；纯中文操作、基于下垫面的参数批量获取、管网概化等符合国情的便捷功能
缺点	未能反映降雨历时和降雨强度及初损对产流的影响，影响模型的精确度和使用效果	二维模型、可视化效果不直观；参数要求少，模型相对简单，因此精确度相对较低	不能直接模拟GSI，需用户自定义	不适合长期的模拟和洪水输送动力学过程的模拟	模型中参数较多，应用较复杂，在实际工程应用中受到一定的限制	不适合考虑大量的空间细节和复杂性。涵盖的汇水区域参数过多，数据需要人工输入，且需要创建较大的文件	不能二维河道水动力过程模拟
数据对接	与GIS对接	主要与图片进行对接，也逐步开发与GIS结合	与GIS、AUTOCAD GoogleEarth实现对接	与GIS、AUTOCAD GoogleEarth实现对接	与GIS、AUTOCAD GoogleEarth实现对接	与GIS、AUTOCAD GoogleEarth实现对接	与GIS、AUTOCAD、排水设施采集规范实现对接
对数据和人员要求	低	中	高	高	高	高	中
模型复杂性	低	中	高	高	高	高	高
免费/定制	免费	免费	付费	付费	免费	付费	付费

（来源：改编自程慧，2015）

　　由表 4-1 分析总结可知，水文模型有各自的应用、适用范围、优缺点，由于单独一个模型并不能解决所有问题，因此在进行 GSI 规划时，可在不同的规划阶段使用不同的水文模型。

4.2.2　基于地理信息技术 GIS 的空间模拟方法

　　地理信息系统是一项综合应用技术，它以计算机为基础，用来支持空间数据的输入、管理、处理、分析以及建立模型，从而解决规划和管理中的问题。GIS

的操作对象是多样的空间数据和属性数据。GIS 的主要功能是空间分析，它是一种基于地理上的位置和形态的空间数据的分析技术，以提取和传输空间信息为目的（汤国安等，2002）。空间分析以其优势成为雨洪管理中重要的研究方法之一。在雨洪管理中，常用的空间分析方法包括空间查询、空间数据的内插、空间信息的再分类、叠加分析等。越来越多的水文模型与 GIS 集成，利用 GIS 建模或者作为模型模拟结果的直观显示，成为雨水系统规划中重要的技术手段。GIS 可以进行包括土地适宜性分析、汇水区分析、径流汇流过程分析、洪涝淹没过程分析等水文过程的模拟分析。由表 4-1 可知不同模型的适用范围、解决问题及程度、对数据和人员的要求等不同，因此应根据规划层次、数据获得难易程度等因素，综合运用 GIS 和水文模型进行不同阶段的绿色雨水基础设施规划（程慧，2015）。

4.2.3　理论计算方法

绿色雨水基础设施的规模可通过理论计算确定，根据设施的类型及其主要功能，可选择流量法、容积法或水量平衡法等计算方法。流量法通过计算设计降雨径流量，用于确定具有径流输送功能的雨水设施规模，如植草沟、渗透管（渠）等。容积法和水量平衡法可用于确定雨水下渗、储存设施的规模。根据不同雨洪控制目标如径流总量控制、峰值削减、径流污染控制等进行规划设计的绿色雨水基础设施，一般需要综合运用这三种方法进行计算（程慧，2015）。

（1）流量法

中途传输型 GSI（如植草沟）的设计目标是为传输一定设计重现期下的雨水流量，雨水流量可利用推理公式（4-1）计算得出。

$$Q=\varphi qA \tag{4-1}$$

式中 Q——雨水设计流量，L/s；

φ——流量径流系数，可参考《室外排水设计规范》GB 50014 中不同种类下垫面的径流系数取值范围取值；

q——设计暴雨强度，L/（s·hm^2）；

A——汇水面积，hm^2。

（2）容积法

可采用公式（4-2，4-3）计算设计控制径流容积，从而确定设施规模：

$$V= 10H\varphi A \tag{4-2}$$

式中 V——设计控制径流容积，m^3；

H——设计降雨量，mm；

φ——综合径流系数，可通过式 4-3 求得；

A—— 汇水面积，hm^2。

$$\varphi = \frac{\sum \varphi_i A_i}{\sum A_i} \tag{4-3}$$

式中 φ_i——场地第 i 块汇水面的径流系数

A_i——场地第 i 块汇水面的面积。

绿色雨水基础设施的技术措施中计入总设计容积的 GSI 包括：下沉式绿地、雨水花园、景观水体、雨水湿地、雨水塘等雨水滞蓄措施。绿色屋顶和透水铺装，仅参与场地的综合径流系数计算，其结构内的孔隙容积一般不计入总调蓄容积。它们的规模已知时，通常通过计算使用后的综合径流系数来推导其他设施的规模；未知时，通过假定其规模试算综合径流系数来合理确定和校核各类措施的规模。

（3）水量平衡法

水量平衡法主要用于末端集中式 GSI（如雨水湿地、雨水塘等）存储容积的计算。设施存储容积计算步骤有以下 3 点：①根据容积法计算；②为保持设计常水位，通过水量平衡法（参照表 4-2）计算设施每月雨水的补水量、水量差、外排量、水位变化等相关参数；③通过效益分析确定设施的设计存储容积合理性并调整。

水量平衡计算表　　　　　　　表 4-2

项目	汇流雨水量	补水量	蒸发量	用水量	渗漏量	水量差	水体水深	剩余调蓄高度	外排水量	额外补水量
单位	m^3/月	m^3/月	m^3/月	m^3/月	m^3/月	m^3/月	m	m	m^3/月	m^3/月
编号	[1]	[2]	[3]	[4]	[5]	[6]	[7]	[8]	[9]	[10]
1月										
2月										
……										
11月										
12月										
合计										

4.3　绿色雨水基础设施与各级城市规划的结合

海绵城市绿色雨水基础设施的实施需要与各级城市规划相结合，并且在不同空间尺度上进行，见图 4-3：

（1）在宏观尺度，即城市总体规划、流域规划层面上，绿色雨水基础设施是由自然水体及与之功能和空间相关的生态系统所构成的水生态安全格局，也常常被人们形象地称为城市或区域的"大海绵系统"。它能够为城市和区域提供必要的生态系统服务，如洪涝调蓄，水源涵养，补充地下水，以及野生栖息地和生物廊道。它往往需要和区域规划、土地利用总体规划、城市总体规划、绿地系统规划、排水防涝规划等规划进行结合。

（2）在控制性详细规划层面，结合绿色雨水基础设施的要求划定城市绿线与城市蓝线、生态红线，明确各类绿地的雨洪控制的目标和主要功能，确定主要GSI设施的规模、空间位置和衔接关系，并为每个地块制定雨洪控制利用目标和相关控制指标。

（3）在场地规划设计层面，核心是根据控制性详细规划的要求，制定地块内GSI的具体方案，包括平面布局、设施规模、竖向控制、工艺构造等内容。

（4）在技术措施层面，绿色雨水基础设施体现为和绿地结合紧密的生态化技术措施，如生物滞留设施、下沉式绿地、绿色屋顶、雨水塘、雨水湿地的具体设计等等。

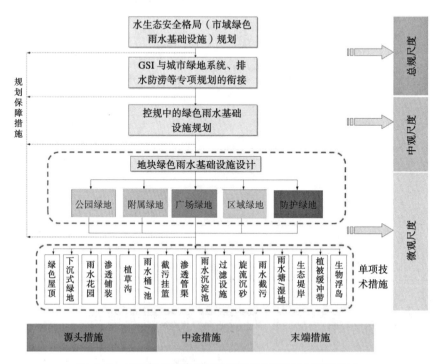

图 4-3　城市绿色雨水基础设施与各级城市规划的结合

（图片来源：作者绘制）

4.3.1　城市总体规划

（1）内容

在宏观层面，规划重点是使土地利用布局、绿地系统布局、水系统布局与整体水文循环和水文过程相协调。在对区域径流过程和生态环境分析的基础上，划定宏观层面的河湖水系保护区、洪涝淹没区、雨洪滞蓄区、水环境敏感区、地下水回补区和水土流失敏感区等。进而通过景观过程的分析和景观安全格局的判别，确定由基质、廊道和斑块所构成的完整的水生态安全格局，即宏观尺度的绿色雨水基础设施。

这一水生态安全格局（绿色雨水基础设施）在区域整体上维护着多种水文过程的安全和健康，为城市提供可持续的生态系统服务，包括免受洪涝灾害、提供水资源、维护区域水文平衡、恢复水生态系统等。该绿色雨水基础设施还可以与生物保护、娱乐休闲、遗产保护等功能相结合，构成具有综合功能的绿色网络系统。这一绿色雨水基础设施网络作为区域的总体空间框架，引导土地利用布局和城市空间形态。

这一阶段对应于城市总体规划和区域规划阶段，并作为城市总体规划和区域规划土地利用布局的主要依据之一。

在城市总体规划尺度上，绿色雨水基础设施网络包含的敏感或关键性区域主要包括：

- 河流、湖泊及其植被缓冲带；径流排泄路径；
- 各类湿地，包括海岸、河岸及沙地；
- 水源保护区域及水源涵养区；
- 泛洪区；
- 地下含水层；
- 具有高渗透能力的地下水回补区；
- 野生动物栖息地，包括：动物和植物，以及濒危物种栖息地，动物迁徙廊道；
- 水土流失敏感区；
- 具有高风险的雨洪淹没区；
- 对利用雨洪资源有利的地区；
- 对于控制城市面源污染和点源污染的重要地区；

（2）规划方法

在市域或规划区范围内，应最大程度的保护城市原有生态系统，维护降雨径流的自然过程，科学识别水生态敏感区并进行严格保护，恢复天然海绵系统、维持水面率，避免城市建设用地无序扩张和占用水生态敏感区。基于景观生态学、水文学基本原理，通过 ArcGIS 等模型分析技术，对雨洪、地表径流等过程进行分析和模拟，判别出维护城市雨洪安全的关键性空间格局，即雨洪安全格局。并通过适宜性分析，考虑地表饮用水源保护及地下水补给等功能，构建流域或区域尺度上的综合水生态安全格局（绿色雨水基础设施）。水生态安全格局的分析内容有：

A. 主要雨洪问题识别

通过调研分析，判别城市或区域所处的高程点，河流的上中下游，确定海绵城市建设面临的主要雨洪问题和建设目标，如源头减排控污、排水防涝、雨水资源利用、水土保持和水生态修复等。

B. 水生态安全格局模拟与划定

水生态安全格局由维系水文过程的关键性景观格局所构成，可运用 GIS、水文模型，对雨水产汇流过程、洪水淹没、地表水与地下水资源保护、水质保护与面源污染风险防控等过程进行模型模拟和识别分析，得到维护单一水文过程的景观安全格局，进而叠加形成综合的水生态安全格局（市域或规划区内的大海绵系统）。

C. 水生态安全格局保护与修复

在识别水生态安全格局基础之上，应结合城市四区、五线的划定，通过法制手段如城市蓝线的划定保护水生态敏感区，使其维持现有海绵体的滞蓄、净化能力。有条件的地区，应对功能结构受损的生态斑块、廊道进行修复，将被破坏的水环境逐步恢复。

（3）实施战略或途径

应尽可能将绿色雨水基础设施纳入到城镇的禁止建设区和限制建设区中，限制城市开发对水环境的负面影响。对这些区域内的土地利用和开发强度进行严格限制，并且应有针对性地提出水管理的目标、原则、控制标准和分区，从而有效地指导下位规划（具体案例请见第9章）。

4.3.2 城市专项规划

（1）内容

城市绿地系统规划（绿线、绿道规划）、海绵城市专项规划、水系规划、生态规划等专项规划与绿色雨水基础设施的实施密切相关，故应将雨水控制利用和绿色雨水基础设施作为重要内容在这些规划中进行统筹考虑。

本书主要以绿地系统规划为例阐释如何落实绿色雨水基础设施。绿地系统规划在规划目标和指标、布局和结构、绿地分类规划、植物种类规划等方面应体现海绵城市建设的相关要求。其中，很关键的一项内容是根据城市总体规划或水生态安全格局，落实绿色雨水基础设施的位置，明确其在周边汇水区的作用和雨洪主导功能，如哪些绿地是作为排水蓄涝的湿地，哪些是作为水质净化湿地，哪些是作为渗透型绿地，等等。

（2）规划方法

在市域范围内的绿地规划，应在雨洪模拟分析、地下水补给、水源保护与涵养、城市河流保护与排泄、生物栖息地保护与生物迁徙、城市水污染控制和城市水环境问题的基础上，结合水生态安全格局的划定，确定区域绿地系统的宏观格局，确保城市水生态基础设施的完整性和连通性；在城市范围内的绿色雨水基础设施，应与城市管网系统相配合，从低影响开发雨水系统、传统的雨水管渠系统和超标雨水系统与防洪排涝系统的四个尺度上解决城市的水环境问题。同时应做好城市绿地系统规划与海绵城市专项规划、道路系统规划、城市防洪排涝系统规划、竖向规划、水系规划等专项规划的衔接。

建筑与小区附属绿地，应配合雨水管渠系统，利用下沉式绿地、绿色屋顶等源头减排设施，就地消纳雨水和径流污染：新建成小区应严格达到年径流总量控制率的要求，而老旧小区应该以问题为导向，适宜适度地改造来应对雨洪问题；城市道路附属绿地应与道路系统规划协调，与管渠系统结合解决排水防涝、径流污染控制等问题，污染较严重的雨水径流可采取初期弃流装置和截污挂篮等处理方式；公园绿地和广场绿地，应在满足自身景观功能的基础上，在规划设计时，考虑周边的建设情况和建设时序、管网情况，为现状周边地块和未来建设中的地块满足竖向设计和管网的需求，承担部分客水的功能，有条件的低势地块，可考虑利用现状地块高程，建设多功能调蓄公园和弹性利用场地；城市防护绿地是城市水源涵养和水土保持的重要地块，应考虑合理布局与提高森林的复层绿化覆盖率等指标；区域绿地是落实城市大海绵和城市生态安全格局的重要地区，同时也是具有边缘效应和高效的生态交流效益的区域；在河流和海岸沿线的绿地系统，应合理布局与设计，成为雨水径流入河入海之间的过滤植被与缓冲屏障。通过以上绿地分类规划，达到从微观尺度上就地消纳雨水、控制雨水径流污染、改善居住环境，中观尺度上减缓城市内涝、改善城市热岛效应及气候问题，宏观上维持城市水循环平衡与保护生物多样性、恢复生物栖息地的目标（刘丽君等，2017）。同时城市绿地系统规划内树种的选择，应考虑城市内雨洪控制的要求与目标，选择低维护、适应性强的乡土物种。

新建城区宜根据海绵城市雨水系统建设需求，明确各类绿地雨洪控制利用的主导功能和规划目标；并结合绿化率、绿地覆盖率等控制指标和绿地系统布局，形成贯穿开发地块、市政道路、公园广场、河道水体的完整的绿色雨水基础设施控制利用系统。

旧城改造中宜结合城市有机更新、建筑与小区绿色化改造等项目机遇，尽可能增加城市绿地面积、优化布局、科学规划竖向关系、利用边角空间，提升绿地雨洪调蓄功能，为各类雨水设施的落实提供空间条件。

（3）实施战略或途径

城市绿地系统规划应依据城市总体规划，协同海绵城市专项规划、排水防涝综合规划等专项规划，落实和海绵城市相关的绿色雨水基础设施的关键控制指标、空间位置和规划设计条件。

4.3.3 城市控制性详细规划

（1）内容

在城市控制性详细规划阶段，主要规划任务是落实在宏观尺度上确定的水生态安全格局，划定各类用地、特别是绿地和水系的边界线，并且对关键性绿色雨水基础设施的类型、位置、规模与衔接关系进行规划，提出各个地块绿色雨水基础设施的管控目标等。

（2）规划方法

在这一阶段，应综合运用城市规划与景观规划、市政工程、生态学、水文学等跨学科的理论与方法。针对不同地域条件、规划目标以及其他方面的特点，合理确定规划区的土地利用布局及绿色雨水基础设施。

城市控制性详细规划的主要任务是落实"渗、滞、蓄、净、用、排"等各功能绿色雨水基础设施的用地与控制指标。通常，可以将单位面积控制容积作为总体控制指标，在此基础上提出下沉式绿地率和下沉深度、透水铺装率、绿色屋顶率等指标，作为绿色雨水基础设施的引导性指标，和绿地率、容积率一起纳入控制性详细规划中，作为土地开发建设的规划设计条件，见图4-4（程慧，2015）。

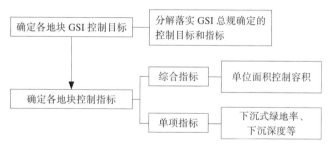

图 4-4　GSI 控制性详细规划流程图

（图片来源：程慧绘制）

控制性详细规划应按照上位规划确定的雨洪控制目标和指标，根据城市不同类型用地的特点对其进行分解，细化规划区内各地块的雨洪控制利用指标。可按照以下过程对年径流总量控制目标进行分解：

1）根据海绵城市总体规划阶段提出的径流总量控制目标，明确规划区的控制目标，即年径流总量控制率及其对应的设计降雨量；

2）根据控规提出的容积率、绿地率等规划控制指标，结合各地块的场地条件，初步提出各地块的雨洪控制指标（包括下沉式绿地率及其下凹深度，绿色屋顶率，透水铺装率等指标）；

3）计算规划区内各地块 GSI 措施的总调蓄容积；

4）根据公式（4-3）计算得到各地块的综合径流系数；

5）公式（4-4）确定各地块的设计降雨量；

$$H = \frac{V}{10\varphi A} \tag{4-4}$$

式中 H——设计降雨量，mm；

　　　V——场地设计控制径流容积，m^3；

　　　A——汇水面积，hm^2。

　　　φ——综合径流系数。

6）根据当地多年统计降雨资料得到年径流总量控制率与设计降雨量的关系，根据 5）的结果确定规划内各地块的年径流总量控制率；

7）根据公式（4-5）计算整个规划区的年径流总量控制率；

$$\alpha = \frac{\sum \alpha_j F_j \varphi_j}{\sum F_j \varphi_j} \tag{4-5}$$

式中 α——规划区的年径流总量控制率，%；

　　　α_j——各地块的年径流总量控制率，%；

F_j—— 各地块的汇水面积，hm^2；

φ_j—— 各地块的综合雨量径流系数。

8）反复按照步骤 2）~ 6）计算，直到满足绿色雨水基础设施总体规划阶段提出的年径流总量控制率目标要求为止，最终得到各地块中 GSI 措施的总调蓄容积和对应的单项控制指标。按照公式（4-2），可将各地块中 GSI 的总调蓄容积换算为单位面积控制容积。

不同径流分担方案下的指标分解方法有所不同。①若各地块各自消纳径流雨水，可依照上述步骤先单独计算出各地块的年径流总量控制率，再按照公式（4-5）算出规划区的年径流总量控制率。②若地块径流雨水需借助周边集中绿地等其他地块消纳雨水径流时，可将有关联的地块视为一个整体，按照上述计算过程得到地块整体的年径流总量控制率，再按照式（4-5）计算出规划区的年径流总量控制率（图 4-5）。

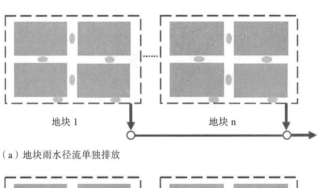

（a）地块雨水径流单独排放

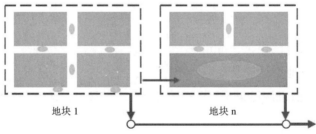

（b）地块之间有径流分担

图例 ⊏⊐ 调蓄水体　■ 公园绿地　● 地块内 GSI 措施　● 调蓄水体

图 4-5　两种情景的地块径流排放方式

（图片来源：程慧绘制）

（3）实施战略或途径

城市控制性详细规划中所规定的土地利用布局、控制指标可以将海绵城市的相关要求融入法定规划体系中。城市规划主管部门将相关规划成果，作为今后规划区开发的法定依据。

4.3.4　修建性详细规划

（1）规划内容

在修建性详细规划阶段，主要工作是根据上位规划提出的规划设计条件和控制指标，并结合场地条件，提出地块具体的规划原则、设计标准、控制目标、技术流程等内容并确定绿色雨水基础设施的概念方案，及各项设施位置、规模与衔接关系。同时，也需要在整个过程中使雨水系统与景观、建筑、道路等子系统相互协调，充分利用场地内的建筑屋面、道路广场、绿地、水体和地下空间，进行水的收集、净化与利用，创造优美和谐的生态景观。

（2）规划方法

通过场地资料收集和实地调研，并根据场地条件进行 GSI 的适宜性分析和选择，提出修规层面的绿色雨水基础设施规划或设计的初步方案。通过相关规范导则中的计算方法，可以计算出各项技术措施的规模、位置与结构。实际工作中，可通过模型验证和调整，经过方案比选后，确定最佳方案，并深化设计以及工程管理相关工作（程慧，2015）。

1）资料收集、现场调研

实地调研包括对现场现状的评估，明确场地用地类型和性质等；资料包括场地的基础资料、气象水文资料和场地规划资料等。实地调研和资料收集是 GSI 措施选择和方案设计的前提和基础。

2）GSI 措施适宜性分析和选择

基于场地地形、土壤、地下水位等基础条件，对开发地块的 GSI 措施进行适宜性分析，在适宜性分析中，应综合考虑 GSI 措施的生态效益、经济效益与社会效益。结合综合效益评价与不同 GSI 措施在绿地中的应用条件，优先选用 GSI 中的源头分散式措施。若场地内分散式措施无法达到控规确定的地块控制指标，则需采用大型集中处理措施。

3）初步方案形成

由于城市雨水系统的复杂性，以及绿色雨水基础设施的多目标性，应结合场地控制指标的达成设计不同的 GSI 方案。

4）方案优选和确定

根据经济技术比较，以及和业主、居民等相关利益方的沟通协调，最终确定规划方案。

（3）实施战略或途径

由城市规划主管部门根据相关规划成果，提出地块的规划设计条件和控制指标。项目建设单位在场地规划设计方案时要满足上述指标要求。同时，需要将规划方案报规划、建设主管部门审批，作为建设工程规划许可证核发的条件之一。

第5章 场地绿色雨水基础设施系统设计

5.1 设计原则

海绵城市建设的基本原则就是尽量减少场地开发对自然水文循环造成的影响。通过在场地内建立起完整的雨水系统，从源头—中途—末端实施雨水控制与利用，使开发后水文过程尽可能接近开发前水平（County of Los Angeles，2009）。

绿色雨水基础设施应主要由园林景观专业、排水（雨水）专业及相关专业共同协调完成。园林景观专业应基于海绵城市专项设计进行优化与衔接。

在场地的园林专项设计中应考虑如下 GSI 内容：

（1）应将雨水控制利用作为各类城市绿地的重要功能进行统筹考虑，并在设计方案、施工图等环节予以落实；通过雨水系统和园林景观的有机结合，落实绿色雨水基础设施的建设，提高绿地的复合生态功能，发挥绿地在海绵城市建设中的关键作用。

（2）优先采用各类绿色雨水基础设施实现绿地自身雨水径流控制目标；有条件的场地应在保证功能和安全的前提下，尽可能消纳周边硬化地表的雨水径流；通过合理的竖向和设施衔接，保证周边雨水能够汇入绿地。

（3）优先保护并修复场地内自然沟渠、湿地、坑塘等地表径流通道和蓄存空间，减少对原有地形、水系、土壤条件、动植物的干扰；应对场地条件进行调研，限制在坡地、水体、湿地、洪泛区、滨河缓冲带等生态敏感区域进行开发。

（4）应通过合理的规划布局和竖向设计，减少不透水面积，利用绿地切割大面积不透水区域，使不透水区域的径流优先进入周边绿地、水体进行滞蓄、净化，减少外排总量、峰值流量和污染物负荷。

（5）园林景观设计中应预留下沉式绿地、生物滞留等 GSI 设施的空间；各类设施的规模、构造应根据径流总量削减、水质控制、峰值流量控制、雨水下渗和雨水回用等控制目标进行确定，并通过水文计算得出具体结果。

（6）充分发挥景观水体的蓄水防涝、生物栖息地、环境美化、休闲娱乐等多种功能；景观水体应优先利用地表径流作为补给水源，景观水体的规模应根据降雨规律、水面蒸发量、雨水回用量等，通过全年水量平衡分析确定；其平面形式、深度、驳岸做法、配套设施等应结合水质保障方案综合确定。

（7）GSI 设施的植物选择与设计应考虑植物自身的生长和设施功能的实现，其要点详见第 7 章。

（8）海绵城市设计不得破坏园林遗产的原有地形、水系和植物景观。在园林遗产上进行雨水控制利用时应先与相关部门进行讨论，确保对园林遗产不造成影响；确保径流和设施不对古树名木产生影响。如在具有古树名木的地区地块建设可考虑不将其下沉或承担客水功能。

在场地的雨水（或海绵）专项设计中应考虑如下内容：

（1）各类雨水工程要与园林绿化工程同步设计，同步施工，同步验收。

（2）应以城市绿地系统专项规划、雨水系统相关专项规划（如排水防涝综合规划、海绵城市专项规划等）、控制性详细规划为依据，结合场地条件与特点，明确场地雨水控制利用目标，如总量控制与流量控制目标。

（3）场地应优先利用生物滞留设施、植草沟、景观水体、雨水湿地等绿色雨水基础设施。受地面空间限制及其他条件限制时，也可结合雨水管渠、调蓄池等灰色雨水设施达到控制要求，但不宜作为主要径流控制方式。注意雨水设施的景观化及与周边景观的协调。

（4）场地内的非机动道路、停车场、广场等铺装区域，可根据其通行需求采用透水砖、碎石路、汀步路等透水铺装方式，并利用周边绿化带布设绿色雨水基础设施。

（5）径流雨水进入绿色雨水基础设施前，应进行水质、水力预处理，防止径流雨水对绿地环境、植被造成破坏，水体类雨水调蓄设施应采用生态驳岸，提高自净能力，并采取必要的水质处理技术，保障水体水质，防止地下水污染。

（6）多功能调蓄设施等大型设施应设置维护检修与人员疏散通道、水位警示标志与预警系统、超标雨水径流的进水与溢流通道及必要的安全防护设施。

5.2 设计目标与指标

绿色雨水基础设施是实现海绵城市水生态、水资源、水环境、水安全、水文化的综合目标的重要组成部分，应特别重视绿色雨水基础设施的综合功能，即充分发挥其自然和人工生态系统的多种生态系统服务，在满足场地基本使用功能和安全的前提下，实现雨洪控制利用并兼顾其他生态、景观功能。与雨洪控制利用有关的生态系统服务包括：促进下渗回补地下水；雨水资源收集回用；滞留和截流减少径流排放，提高排涝调蓄的能力；控制径流污染，避免破坏水生态环境；与园林绿化相结合，营造生态景观；减少灌溉用水量等。

绿色雨水基础设施，应在达到自身建设指标的基础上，宜与灰色设施系统共同作用，协助分担和实现排水分区（或汇水区）的海绵城市建设指标。一般包括年径流总量控制、径流峰值控制、径流污染控制、雨水资源化利用等。

水量控制：包括雨水源头减排系统、雨水管渠系统、内涝防治系统和城市防洪系统的设计标准。雨水源头减排系统对应的管控指标为：雨水年径流总量控制率，可参照《海绵城市建设技术指南——低影响开发雨水系统构建（试行）》中的取值范围上限和上位规划的控制指标，其中新建公园绿地和防护绿地控制的径流体积不宜低于雨水年径流总量控制率 90% 对应计算下的径流体积量。绿色雨水基础设施所在项目的雨水管渠系统应达到《室外排水设计标准》GB 50014 中的雨水管渠重现期；当植草沟用于排除一定设计重现期的雨水径流时，其设计流量应为该重现期下的径流峰值流量。当绿色雨水基础设施作为城市内涝防治系统的一部分时，该系统应达到《城镇内涝防治技术规范》GB 51222 中的内涝防治设计重现期。城市防洪系统应达到《城市防洪工程设计规范》GB/T 50805 等规范的设计标准。

水质控制：主要指标有污染物削减率和水体环境质量。污染物削减率指雨水年径流污染物总量（以 SS 计）的削减率，通常在 40% ~ 90% 之间。水体水质的指标有总氮、总磷、COD 等污染物的浓度值，可参考《城市绿地设计规范》GB 50420—2007（2016 年版）等相关规范标准。

雨水资源化：主要指标为雨水资源利用率，指项目内收集雨水并用于绿地灌溉、道路浇洒、景观水体补水等的雨水总量（按年计算，不包括自然渗透的雨水量）与年均降雨量的比值。雨水资源化利用应按需定供，并综合考虑经济效益、维护管理等因素合理选择雨水回用于绿化浇灌、园路浇洒、景观水体供水等方面。合理的雨水调蓄回用设施规模一般不超过年径流总量控制率上限。

控制指标的确定，应由水专业人员通过现状调研、分析计算和模型模拟等方法进行确定，同时给出竖向控制、雨水设施位置、规模、构造等设计条件；园林景观专业人员应结合绿地类型和场地条件予以落实。设计方案应通过水文水力计算或模型评估达到各项控制指标。

5.3 设计流程

绿色雨水基础设施设计主要由园林景观专业和给排水专业配合完成。在设计过程中，园林设计和水文设计（计算）应密切配合，相互协商，共同制定设计方案。

绿色雨水基础设施的设计内容应包括：绿色雨水基础设施概念方案、竖向设计、规模计算、园林景观衔接与落实等，具体设计流程见图 5-1。

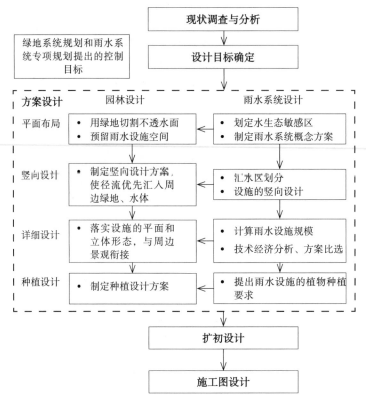

图 5-1 绿色雨水基础设施设计流程图

（图片来源：作者绘制）

（1）绿色雨水基础设施的设计目标应满足上位规划提出的目标与指标要求，并结合气候、土壤及土地利用等条件，合理选择单项或组合的以雨水渗透、储存、调节等为主要功能的技术及设施。

（2）绿色雨水基础设施的规模应根据设计目标，经水文、水力计算得出，有条件的应通过模型模拟对设计方案进行综合评估，并结合技术、经济分析确定最优方案。

（3）绿色雨水基础设施设计的各阶段均应体现设施的平面布局、竖向、构造，及其与城市雨水管渠系统和超标雨水径流排放系统的衔接关系等内容。

（4）雨水设施的设计与审查（规划总图审查、方案及施工图审查）应与道路交通、排水、建筑等专业相协调。

5.4 雨水设施规模计算方法

海绵城市雨水系统的核心控制指标是年径流总量控制率，而年径流总量控制率指标可转为计算雨水措施的容积。在设计过程中，可先采用简单的计算方法初步确定场地雨水设施的规模。首先结合项目条件，用年径流总量控制率对应的设计降雨量乘以场地综合径流系数及总汇水面积来确定项目的雨水设施总规模，再分别计算滞蓄、调蓄和收集回用等措施的控制容积，达到设计降雨量对应的控制规模要求（图 5-2）。此外，也可通过规范标准中的其他计算方法或水文模型等方式对设计方案进行校核和验证（程慧等，2015）。

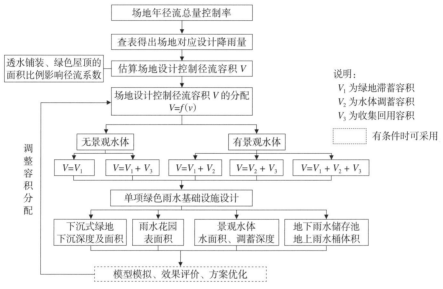

图 5-2 场地绿色雨水基础设施规模计算流程图

（图片来源：程慧绘制）

5.4.1 雨水设施容积计算方法

可采用容积法（公式 4-2、4-3）计算场地绿色雨水基础设施的设计径流控制容积。计入总设计容积的绿色雨水基础设施包括：下沉式绿地、雨水花园、景观水体、雨水湿地 / 塘、雨水池、雨水桶等雨水滞蓄和收集回用措施。绿色屋顶和透水铺装，仅参与场地的综合径流系数计算，其结构内的孔隙容积一般不计入总调蓄容积。

5.4.2 设施设计容积的分配方法

根据当地的条件和具体的经济状况，确定相应的控制目标，采用适合的一项或几项绿色雨水基础设施并加以组合利用。典型的措施组合有以下 5 种情形：

① $V=V_1$

② $V=V_1+V_2$

③ $V=V_1+V_3$

④ $V=V_2+V_3$

⑤ $V=V_1+V_2+V_3$

其中，V 为总设计容积，V_1 为绿地滞蓄容积，V_2 为水体调蓄容积，V_3 为收集回用容积。

情形①通过在绿地中采取下沉式绿地、雨水花园等源头设施蓄渗雨水，即可达到相应的径流总量控制目标，一般适用于年降雨量小的地区。情形②采用"源头+末端"措施的组合，末端措施用来担负源头措施无法承受的径流量。当地下空间被占用时，雨水花园等设施不易下渗，可采用排水导管将雨水导入市政雨水管网。这两种情形下，雨水通过绿地基本消纳，很少能被收集回用。若想获得节水部分的得分，需依靠其他非传统水源（以中水为主）补水。情形③结合"地上和地下"，既使得部分雨水下渗、蓄滞，又有足够的空间收集雨水，实现了雨水的资源化利用，是常见的组合措施。当地表绿地空间有限时，可通过设置雨水桶、地下雨水储存池等措施，收集雨水可回用于景观水体或冷却水的补水，即情形④。情形⑤采用"绿和灰"结合，然而其建设费用和维护费用相对较高，且通常只有在暴雨时这些措施才能同时发挥作用，综合考虑环境和经济效益，一般不推荐采用。

5.4.3　计算示例

以北京市某新建小区为例，根据 2014 版《绿色建筑评价标准》的要求，小区绿地率达 30%，绿地中 30% 为下沉式绿地，透水铺装率为 50%。小区占地面积为 10000m²，其中绿地面积为 3000m²（绿地低于周边硬化地面 10cm），块石路面面积为 2750m²（其中透水铺装面积为 1375m²），建筑屋面面积为 4500m²（其中 50% 为绿色屋顶），景观水体 250m²，各下垫面的径流系数见表 5-1。根据不同的规划目标设计不同方案，相应措施的设计容积计算如下。

目标一：70% 的年径流总量控制率：

不同类型下垫面对应的径流系数　　　　　表 5-1

下垫面类型	绿地	混凝土或沥青路面	透水铺装路面	屋面	绿色屋顶
径流系数	0.15	0.90	0.45	0.90	0.30

1）查表可知当北京市年径流总量控制率为 70% 时，其设计控制雨量为 19.0mm

2）场地综合径流系数：

$\varphi=$（3000×0.15+1375×0.90+1375×0.45+2250×0.90+2250×0.30+250×0）/10000=0.50

3）场地内设计控制径流容积：V=19.0/1000×10000×0.50=95m^3

4）雨水设施的总设计容积为 95m^3

下沉式绿地（包括雨水花园等滞留设施）受纳容积：V_1=3000×30%×0.1=90m^3

由于 V_1 与 V 接近，可增大下沉式绿地率或增加下凹深度，即仅采用下沉式绿地即能实现年径流总量控制率为 70% 的目标。

目标二：85% 的年径流总量控制率：

年径流总量控制率为 85% 时，总设计容积为 162.5m^3，下沉式绿地受纳容积为 90m^3，此时，需要设景观水体或雨水储存池，收集下沉式绿地等滞留措施无法负荷的雨水，其调蓄容积为：V_2（V_3）=V－V_1=162.5－90=72.5m^3。此即雨水储存池规模或景观水体需提供的有效调蓄容积。通过景观水体水位的变化（常水位和溢流水位）实现，则水体调蓄高度为：72.5/250×1000=290mm。

此时，小区雨水通过入渗、下沉式绿地的滞留和景观水体或雨水储存池的蓄积利用，达到年径流总量控制率 85% 的目标。

需注意，以上案例计算时考虑的均为假定条件下的理想状态，在实际规划设计中还要考虑项目的不确定条件、不同控制要求的衔接及设施规模优化等复杂情况（程慧等，2015）。

5.5　典型用地雨水系统技术流程

绿色雨水基础设施应根据不同土地利用类型的规划条件和场地特点，采取相应的控制措施，制定合理的系统方案，实现项目建成后的雨水控制利用规划目标。

5.5.1　道路、停车场的绿色雨水基础设施

道路的非机动车道、人行道以及停车场等地面应尽量采用透水铺装，雨水排水系统可采用植被浅沟、渗透沟（渠）输送雨水。在道路、停车场内部及周边绿地空间允许的情况下，可以建设小型雨水塘蓄渗雨水，超过蓄渗能力的径流量排入雨水管道（张善峰等，2012）。在排水防涝标准较高的道路或停车场，可以将绿地雨水系统与雨水管道系统进行联合使用，提高该区域的排水防涝标准。

　　机动车道、停车场的径流污染程度相对较高，可以结合源头、中途、末端的多种处理设施对雨水进行净化、蓄渗。例如，在道路红线内的绿地布置下沉式绿地、雨水花园、生态树池等设施，道路红线外的公共绿地布置多种形式的绿色雨水基础设施，如植被浅沟、雨水塘、渗透沟渠等，减少径流污染的同时，增加雨水的滞蓄量。典型的道路、停车场等硬化地面的绿色雨水基础设施设计流程如图5-3所示。

　　对于交通流量小、下垫面较清洁的道路或停车场，当周边绿地空间有限时，可以通过周边的下沉式绿地收集、净化后回用，或者利用渗渠下渗补充地下水（苏义敬，2014）。

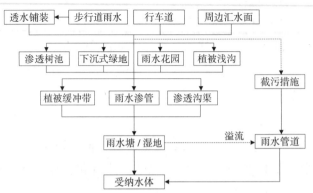

图5-3　典型道路绿色雨水基础设施技术流程

（图片来源：苏义敬绘）

5.5.2　居住区的绿色雨水基础设施

　　对于居住区，应合理利用地形规划建筑、道路、绿地、景观水体的空间布局，将建筑和道路尽量布置在地势较高的位置，利用地形坡度设计植被浅沟系统将雨水输送至周边地势较低的雨水花园、雨水湿地进行处理，还可利用景观水体、多功能调蓄等设施储存利用雨水（图5-4）。

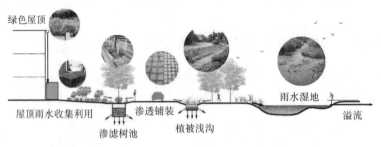

图5-4　居住区绿色雨水基础设施设计示意图

（图片来源：作者绘制）

屋面的雨水经过初期弃流后可利用雨水桶收集并用于绿化浇灌，多余雨水溢流进入下沉式绿地或雨水花园。停车场等硬化区域，尽量采用嵌草砖等形式的透水铺装，并利用植被浅沟、渗透管渠等对径流进行净化、消纳，多余雨水就近排入雨水管道。

有水景或人工水体的居住区，可以用来调蓄、储存雨水，经过简单处理或不需处理即可回用于道路喷洒、绿化浇灌等用途。若居住区没有水景时，主要通过雨水蓄渗和收集回用两类措施来削减径流、控制径流污染和雨水资源利用。根据居住区有无水景，绿色雨水基础设施的设计流程可参考图 5-5、图 5-6（苏义敬，2014）。

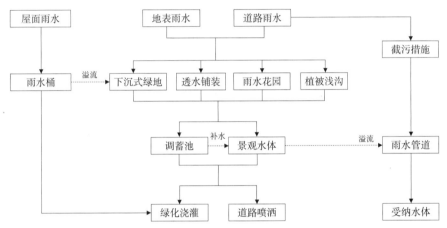

图 5-5　有景观水体的居住区绿色雨水基础设施技术流程

（图片来源：苏义敬绘）

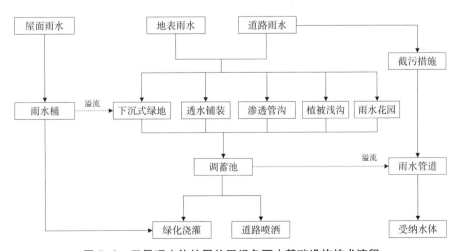

图 5-6　无景观水体的居住区绿色雨水基础设施技术流程

（图片来源：苏义敬绘）

5.5.3 公园绿地的绿色雨水基础设施

公园绿地雨水控制利用的目标以雨水滞蓄、控制面源污染、收集利用为主，并应尽可能收集处理周边硬化表面的径流。适宜在绿地使用的绿色雨水设施主要有：下沉式绿地、雨水花园、植草沟、植被缓冲带、雨水湿地、雨水塘、生态堤岸和生物浮床。

有条件的地区，优先将绿地周边汇水面（如广场、停车场、建筑与小区等）的雨水径流通过合理竖向设计引入绿地，结合排涝规划要求，设计雨水控制利用设施。

充分利用景观水体和植被，建议绿地设计为下沉式绿地，采用雨水花园、植草沟、雨水塘以及雨水湿地等雨水滞蓄、调节设施滞留、净化及传输雨水。

将雨水处理设施与景观设计相结合，通过布置多功能调蓄设施，在满足景观要求的同时，对雨水水质和径流量进行控制，并对雨水资源进行合理利用。

在有条件的河段建议采用生态堤岸、生物浮岛等工程设施，降低径流污染负荷。位置和规模可结合水系及沿岸绿化带条件和管线汇水区域特征布置。可在河道入河口处设消能设施，防止对河岸造成侵蚀（图5-7）。

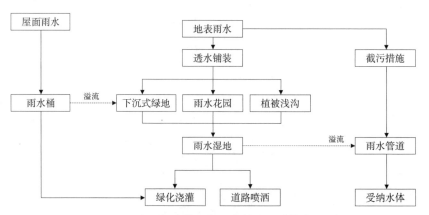

图5-7 公园绿地的绿色雨水基础设施技术流程

（图片来源：苏义敬绘制）

5.6 场地绿色雨水基础设施的综合效益

绿色雨水基础设施可提高地块的环境效益、经济效益和社会效益。通过绿色雨水基础设施的合理设计、施工和维护，能够削减径流量，推迟降雨径流峰值，缓解受纳水体以及灰色基础设施的压力，有效去除径流中的污染物，实现水资源的节约与保护；同时可以最大程度减小场地开发对环境的冲击，实现生态系统的保护；良好的自然环境也有助于改善公众的生活质量。另外，相比于动辄一套几十万甚至上百万的"灰色"雨水收集利用系统，绿色雨水基础设施的建造、维护费用也具有一定的优势（见表 5-2）。

<table>
<tr><td colspan="2">部分绿色雨水基础设施单价估算表（住建部，2015）　　　　　　　　表 5-2</td></tr>
<tr><td>绿色雨水基础设施</td><td>单位造价估算</td></tr>
<tr><td>透水铺装</td><td>600 ~ 200（元 /m²）</td></tr>
<tr><td>绿色屋顶</td><td>100 ~ 300（元 /m²）</td></tr>
<tr><td>狭义下沉式绿地</td><td>40 ~ 50（元 /m²）</td></tr>
<tr><td>生物滞留设施</td><td>150 ~ 800（元 /m²）</td></tr>
<tr><td>湿塘</td><td>400 ~ 600（元 /m²）</td></tr>
<tr><td>雨水湿地</td><td>500 ~ 700（元 /m²）</td></tr>
<tr><td>蓄水池</td><td>800 ~ 1200（元 /m³）</td></tr>
<tr><td>调节塘</td><td>200 ~ 400（元 /m²）</td></tr>
<tr><td>植草沟</td><td>30 ~ 200（元 /m²）</td></tr>
<tr><td>人工土壤渗滤</td><td>800 ~ 1200（元 /m²）</td></tr>
</table>

第6章 绿色雨水基础设施的设施分类及应用要点

6.1 绿色雨水基础设施的设施分类

根据径流产生和排放的过程，城市绿地中的雨水技术措施可分三个层次：源头控制措施、中途控制措施、末端控制措施。雨水技术措施的三个层次分类标准具有相对性，从场地尺度来讲，源头是指产生径流的汇水区域，中途指径流输送的途径，末端指的是径流最终汇集的区域，主要的绿色雨水基础设施见表6-1。在场地尺度内，源头控制措施设置在雨水径流产生的场地内，将雨水就地入渗或暂时蓄存，以实现削峰减排、净化利用雨水的效果；中途控制措施设在雨水径流传输途径中，主要目的是延长径流排放时间，削减径流排放量；末端控制措施是将雨水收集到排水系统的末端进行集中处理，去除雨水中的污染物或调蓄雨洪（苏义敬，2014）。

城市应用的主要绿色雨水基础设施及其分类 表6-1

场地位置	绿色雨水基础设施	特点
源头	绿色屋顶	滞留、净化建筑屋面的雨水径流，降低城市热岛效应，对建筑物起隔热作用
	雨水花园	滞留、净化雨水的同时，增强建筑、停车场、道路附近小块绿地的景观功能
	下沉式绿地	结构最简单的生物滞留设施，主要功能是滞留、下渗雨水
	透水铺装	由透水性的材料组成或是渗透结构的铺装形式（如嵌草砖、透水砖、碎石或卵石铺面）
中途	植草沟	收集、输送雨水的生态措施，可以结合雨水管道使用，部分地区可以代替雨水管道
	渗透沟（渠）	雨水通过渗透沟（渠）周围的砾石层向地下缓慢渗透
末端	生态堤岸	在湖滨、河道范围内，利用种植、木材或石材设计构成的自然堤岸，依靠植物净化能力提升水体自净能力
	生态浮床	又称人工浮床，多位于水体之内，利用无土栽培技术，以植物为主体，可净化水体水质
	植被缓冲带	位于地表径流污染区域和地表水体之间的带状植被区域，起到净化、削减径流和防止土壤冲蚀的作用
	雨水湿地、雨水塘	具有调蓄、净化雨水功能的人工湿地或塘，营造良好的生态景观
	多功能调蓄	高效利用城市空间，非雨季或小雨时发挥绿地景观、公园、停车场等自身功能，暴雨时调蓄雨水

（来源：苏义敬绘制。）

6.2　生物滞留设施（含下沉式绿地）[①]

生物滞留设施（含下沉式绿地）是在浅的洼地（深约 5-45cm），种植当地的乔、灌木和花草等植物的绿色雨水设施。其主要通过土壤介质和植物滞留、净化雨水，具有良好的景观效果。规模不宜过大，一般占服务面积的 5%-10%。通常分为简易型生物滞留设施和复杂型生物滞留设施。按应用位置、形状、构造不同又称作雨水花园、下沉式绿地、生物滞留带、高位花坛等。

6.2.1　适用条件

生物滞留设施可构建在壤土、砂土、黏土等类型的土壤上，土壤渗透系数宜大于 2×10^{-6}m/s。

简易型生物滞留设施一般适用于处理水质相对较好的小汇流面积的雨水，如建筑和小区中的屋面雨水、污染较轻的道路雨水、城乡分散的单户庭院径流等。建设资金有限、地下车库覆土厚度有限时也可采用简易型生物滞留设施。

复杂型生物滞留设施主要处理水质较差的径流雨水，当有污染程度较高的径流雨水时，可采用弃流、排盐等措施防止融雪剂等高浓度污染物侵害植物。

6.2.2　功能、特点

（1）减少雨水径流量、削减峰值流量；

（2）净化雨水径流水质，减少径流污染；

（3）下渗雨水，涵养地下水；

（4）增加渗透面积，减少热岛效应；

（5）美化环境，具有一定的社会效益和经济效益。

6.2.3　典型结构

简易型生物滞留设施（下沉式绿地）构造较为简单，由蓄水层、覆盖层、种植土壤层、溢流口等部分组成。复杂型生物滞留设施由蓄水层、覆盖层、种植土壤层、人工填料层、砂滤层、透水土工布、砾石排水层、溢流口等部分组成（图 6-1）。

6.2.4　关键设计参数

（1）在黏土等渗透性不佳的场地，为保障绿地内植物生长，可通过在土壤中

[①]　各类设施设计应符合相关规范规定。

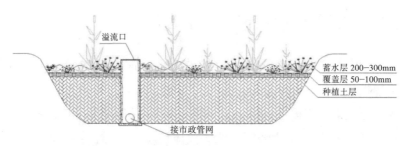

图 6-1（a） 生物滞留设施（简易）结构示意图

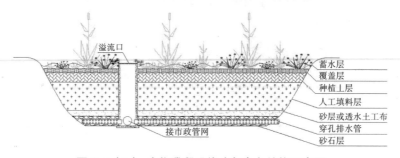

图 6-1（b） 生物滞留设施（复杂）结构示意图

（图片来源：《海绵城市建设技术指南——低影响开发雨水系统构建（试行）》，程慧改绘）

掺入炉渣、碎陶粒等方式增加土壤渗透系数，增大土壤的渗透能力。

（2）生物滞留设施尽量设在雨水易汇集的区域，但不宜设在因土壤渗透性太差而造成长时间积水的地方，否则需采取其他措施防止积水。

（3）生物滞留设施最大服务汇水面积 5hm²，一般 0.5 ~ 2hm²，在线式设计最大服务汇水面积应控制在 0.5hm²。

（4）生物滞留设施有效面积可按汇水区域的不透水面积的 5% ~ 10% 估算。

（5）生物滞留设施底部离常年地下水层至少 1m。

（6）与建筑基础的最小距离为 5m，以免浸泡地基。

（7）生物滞留设施关键设计参数见表 6-2。

生物滞留设施关键设计参数取值推荐表 　　表 6-2

组成	说明
蓄水区	深度宜为 20 ~ 30cm
覆盖层	可选厚度一般取 5 ~ 10cm
种植土层	种树木时厚度最小为 60cm
	无树木时最小为 25cm
底部砾石排水层	厚度一般取 25 ~ 30cm
溢流装置	溢流装置顶部一般与设计最大水深齐平

6.3　生态树池

生态树池是在一般树池的基础上，在树池内部采用生态化的措施对地表雨水径流量和雨水水质进行控制的设施。

6.3.1　适用条件

生态树池灵活性强，适用范围较广，主要用于处理地表径流，在城市市政及居住区道路、公园、广场等场地均适用。

6.3.2　功能、特点

（1）增加雨水下渗，涵养地下水；

（2）净化雨水径流，减少径流量；

（3）增加渗透面积，调节局部气候；

（4）提升景观环境功能，提高行车安全性；

（5）低成本、低维护、可实施性强。

6.3.3　典型结构

生态树池的结构与雨水花园的结构相似（图 6-2）。

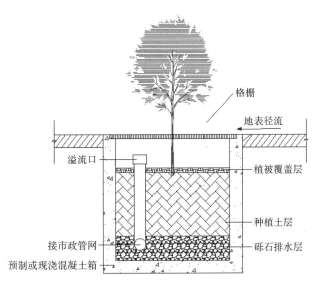

图 6-2　生态树池结构示意图

（图片来源：程慧绘制）

6.3.4 关键参数设计

（1）生态树池一般为方形，常见面积 1.2m×1.2m。

（2）树池顶与周边路面相平或低于周边路面 1～2cm。

（3）植物主要以大中型抗负压能力强的木本植物为主，对种植土深要求较高，至少为 1m。

（4）建在临近道路或建筑物的区域应采取防渗措施（如设防渗膜），溢流及出流雨水流入附近的排水系统中。

6.4 绿色屋顶

绿色屋顶是以绿色植物为主要覆盖物，配以植物生存所需要的种植土层以及屋面所需要的保护层（植物根阻拦层）、排水层、防水层等所共同组成的整个屋面系统。根据种植基质深度和景观复杂程度绿色屋顶又分为简单式和花园式。

6.4.1 适用条件

适用于平屋顶（采用水泥抹面）、平台或坡度较缓（应大于 2%）的屋顶，如坡度超过 15% 时需增加防滑、防冲蚀等设施；宜选择新建建筑，将屋顶绿化与荷载、防水等要求一起考虑；旧建筑如经过负荷核算符合承载条件，可采取简单绿化的做法，将各层厚度和荷载相应减小。

6.4.2 功能、特点

（1）滞留、净化屋面雨水，降低径流污染负荷；

（2）增加空气湿度，降低室内外温度；

（3）释放氧气，滞留飞尘，改善空气质量；

（4）固定二氧化碳，减少碳排放；

（5）提高城市绿化面积，美化环境。

6.4.3 典型结构

绿色屋顶结构主要包括：防水层、保护层、排水层、过滤层、种植土壤层和植物（图 6-3）。

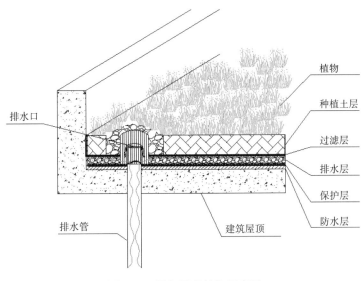

图 6-3 绿色屋顶结构示意图

（图片来源：车伍等，2006，程慧改绘）

6.4.4 关键设计参数

（1）绿色屋顶的总负荷宜为 60 ~ 150kg/m²。

（2）防水层可采用玻璃纤维、PVC、HDPE、EPDM 等防渗材料，厚度宜大于 60mm。

（3）当植物根系有可能刺穿防水层时，应设置保护层，可采用热塑塑料等保护膜，厚度宜大于 30mm。

（4）排水层可采取天然沙砾、碎石等材料，厚度宜大于 30mm，最大排水能力大于 4L/（m·s）。

（5）过滤层可采用规格为 150 ~ 300g/m² 土工布铺设，接口处土工布搭接长度不少于 15cm。

（6）基质深度根据植物需求及屋顶荷载确定：简单式绿色屋顶的基质深度一般不大于 150mm，花园式绿色屋顶在种植乔木时基质深度可超过 600mm。

6.5 植草沟

植草沟是在地表沟渠中种有植被的一种工程性设施，一般通过重力流收集雨水并通过植被截流和土壤过滤处理雨水径流，可用作收集、输送雨水的生态设施。

6.5.1 适用条件

植草沟适用于居住区绿地，道路中央隔离带及两侧绿化带，广场、停车场等不透水地面周边的绿地，及各类集中绿地。可以同雨水管网联合运行，条件（土质、坡度、景观等）适合时也可代替雨水管网，在完成输送排放功能的同时满足雨水的收集及净化处理的要求。可作为与生物滞留设施等低影响开发设施的预处理设施。

6.5.2 功能、特点

（1）生态的雨水输送途径，截流径流污染物；

（2）滞留雨水径流，削减径流峰流量；

（3）增加绿地景观效果；

（4）不占用专门土地，提高土地使用效率；

（5）造价低，可节约管道建设维护费用。

6.5.3 典型结构

植草沟典型结构如图6-4所示。

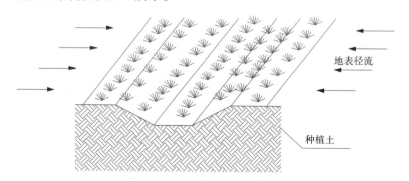

图6-4 植草沟结构示意图

（图片来源：张炜等，2006，程慧改绘）

6.5.4 关键设计参数

（1）植草沟适合各种土壤类型，种植土壤不小于30cm。

（2）植草沟中心线距离建筑基础至少5m，如果浅沟距离建筑物小于5m，应于植草沟和建筑之间铺设防水材料。

（3）植草沟所服务汇水面积不大于1400m²（折合不透水面积），当植草沟长度过长（大于 100m）或穿过道路时可采用暗渠（管）配合输送雨水。

（4）植草沟坡度大于 4%，长度超过 30m 时，可考虑增设台坎，以减少流速，增加入渗雨水量。台坎由卵石、砖块、木头或混凝土等材料制成，一般 7 ~ 15cm，每 4 ~ 6m 设置一处或每条浅沟设置 2 处。

（5）植草沟断面形式宜采用抛物线形、三角形或梯形。

（6）转输型植草沟内植物的高度控制在 100 ~ 200mm 之间。

（7）植草沟关键设计参数表 6-3。

植草沟部分设计参数取值推荐表　　　　　　　表 6-3

设计参数	建议取值（范围）	设计参数	建议取值（范围）
浅沟深度	50 ~ 250mm	浅沟顶宽	0.5 ~ 2.0m
浅沟长度	宜大于 30m	草的高度	50 ~ 200mm
水力停留时间	宜大于 6 ~ 8min	最大径流速度	0.8m/s
侧面坡度	不小于 3：1	浅沟纵向坡度	0.3% ~ 4%
曼宁系数	0.2 ~ 0.3	—	—

6.6 植被缓冲带

植被缓冲带是具有一定宽度和坡度的植被带。径流流经草带时，经植被过滤、颗粒物沉积、可溶物入渗及土壤颗粒吸附后，不仅径流量得到一定的削减，而且径流中的污染物也得到部分去除。

6.6.1 适用条件

植被缓冲带多为坡度较缓的植被区，能接收大面积分散的降雨。一般有选择性地建在潜在的污染源与受纳水体之间，如沿水滨带的狭长形绿地；也可以设于道路两侧绿带及不透水铺装地面周边。

6.6.2 功能、特点

（1）通过过滤、渗透、吸收、滞留等作用减少雨水径流中的沉淀物及氮、磷等污染物，从而减轻水体污染；

（2）控制水土流失；

（3）形成生物廊道。

6.6.3　典型结构

植被缓冲带典型结构如图 6-5 所示。

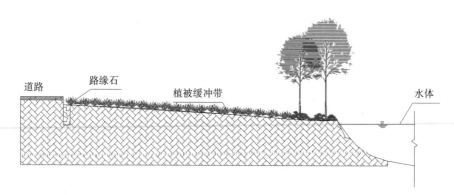

图 6-5　植被缓冲带结构示意图

（图片来源：程慧改绘自《Pennsylvania Stormwater Best Management Practices Manual》）

6.6.4　关键设计参数

关键设计参数如表 6-4 所示。

植被缓冲带部分设计参数取值推荐表　　　　　　　　　　表 6-4

设计参数	取值（范围）	设计参数	取值（范围）
缓冲带深度	50 ~ 250mm	缓冲带顶宽	不小于 2m
缓冲带最小长度	尽量加大停留时间	最大径流速度	0.4m/s
最大边坡	不受限制	纵向坡度	2% ~ 6%
草的高度	50 ~ 100mm		

6.7　雨水塘

雨水塘是具有受纳、滞留和调蓄来自服务汇水面雨水径流功能的水塘。可分为两类，一类为湿塘，长期保持一定的水位；另一类为干塘，只有下雨时才有水。

6.7.1　适用条件

雨水塘可应用于公园、滨河等集中绿地、居住区绿地等具有较大空间的城市功能区，也可设置在其他需控制雨水径流量的区域。

6.7.2 功能、特点

（1）控制径流峰值，减少径流量，降低区域洪涝风险；

（2）净化雨水径流，去除径流中 SS、N、P 和 COD 等污染物；

（3）潜在的野生动物栖息地，营造良好的生态环境；

（4）具有一定的景观价值和娱乐功能。

6.7.3 典型结构

雨水塘由进水管、前置塘（沉淀区域）、植物种植地带、溢流设施和排水口组成（图 6-6）。

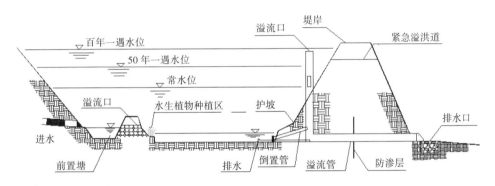

图 6-6 雨水塘结构示意图

（图片来源：程慧改绘自《Pennsylvania Stormwater Best Management Practices Manual》）

6.7.4 关键设计参数

（1）雨水塘长宽比一般大于 3 : 1，推荐的长宽比为 4 : 1 ~ 5 : 1。

（2）由于湿塘常年有水，根据经验宜服务较大的汇水面积。

（3）对湿塘，建议设计时进行水量平衡计算，确定合理的规模，达到更好的运行和景观效果。

6.8 雨水湿地

雨水湿地是一种通过模拟天然湿地的结构和功能，人工建造的、与沼泽类似的、用于径流雨水水质控制和洪峰流量控制的雨水设施。雨水湿地分为表流湿地和潜流湿地。本书以表流湿地为例，介绍其适用条件、功能特点、结构特征和设计要点。

6.8.1 适用条件

雨水湿地可分为在线式和离线式两类，一般可应用于水质污染较严重、公共设施用地内的水域与陆地交界地区（如公园、河湖旁）以及具有较大空间的居住小区，也可设置在其他需控制雨水径流水质的地区。

6.8.2 功能、特点

（1）净化雨水径流，去除径流中 SS、N、P 和重金属等污染物；

（2）控制峰值流量，降低区域洪涝风险；

（3）减小雨水径流对下游设施的负荷冲击；

（4）为野生动植物提供栖息地，具有良好的生态景观效果；

（5）维护低、综合效益高。

6.8.3 典型结构

雨水湿地由进水管、前置塘（沉淀区域）、高／低沼泽地带、湿塘、溢流设施和排水口组成（图 6-7）。

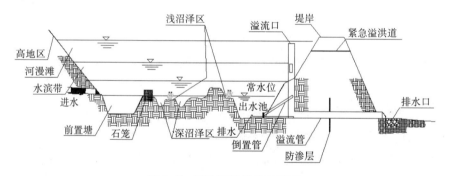

图 6-7　雨水湿地结构示意图

（图片来源：程慧改绘自《Pennsylvania Stormwater Best Management Practices Manual》）

6.8.4 关键设计参数

（1）湿地深水区约 0.9～2.5m；高沼泽带（浅水区）水深为 0.3～0.5m；低沼泽带水深在 0.3m 以下。

（2）雨水湿地在设计时，部分参数可参考表 6-5、表 6-6 的参数。

雨水湿地设计取值推荐表　　　　　　　表 6-5

项目	雨水湿地
适用汇水面积（ha）	> 10
水力停留时间（d）	7
构筑物有效深度（m）	0.6
构筑物内平均水深（m）	0.3
构筑物底层厚（m）	0.25

湿地各区域所占的面积比例　　　　　　　表 6-6

湿地各组成区域	面积比例
沉淀区域（出水池）	10%
深水区	20%
低沼泽地带	35%
高沼泽地带	30%
干湿交替带	5%

（3）雨水湿地常年有水，根据经验宜服务于较大的汇水面积。

（4）表 6-6 是根据实际经验，湿地各组成区域在整个湿地中所占的面积比例。

（5）以上数据仅供参考，湿地各组成区域所占的面积比可根据各地区各项目实际条件和要求进行适当调整。

（6）雨水湿地岸边高程应高于溢流口 30cm 以上。雨水湿地应根据汇水面积、蒸发量、渗透量、湿地滞流雨水量等实际情况计算水量平衡，保证在 30d 干旱期内不会干涸。

6.9　生态堤岸

生态堤岸是一种利用植物或者植物与工程措施相结合的，既能有效截留雨水径流污染物、减小水流和波浪对岸坡基土的冲蚀和淘刷，又能美化造景、促进地下水和地表水交换的新型护岸形式。

6.9.1　适用条件

适用于一定规模的河湖水体、景观水体、雨水塘和雨水湿地等，尤其是堤岸周边宽敞、坡度较小的地方。可采取适当措施将硬质驳岸改造成生态堤岸，从而降低径流流速，减少对水体的污染。

6.9.2 功能、特点

（1）避免堤岸冲蚀，提高堤岸稳定性；

（2）与水体发生物质交换，增强水体自净能力；

（3）为生物提供栖息环境，为人们提供亲水环境；

（4）与水体结合，具有良好的景观效果。

6.9.3 典型结构

生态堤岸主要由种植土、植物和结构层等部分组成。

6.10 生态浮床

生态浮床是利用无土栽培技术原理，在水体中人工营造一些动植物生境的区域，提高水体的自净能力，改善水体生态环境和景观效果的工程性设施。

6.10.1 适用条件

生物浮床适用于缺乏自净能力、硬化设计的水体，雨水塘、雨水湿地和污染严重的河湖的生态修复。

6.10.2 功能、特点

（1）构建水体生态系统，增强水体自净能力；

（2）与水体发生物质交换，吸收水中污染物质；

（3）为其他生物提供栖息环境，增强水体景观效果；

（4）能够遮阳降温，抑制藻类生长；

（5）减少水面波动，减缓堤岸冲蚀。

6.10.3 典型结构

生态浮床分为干式浮床、有框湿式浮床和无框湿式浮床三类。目前广泛应用的是有框湿式浮床，其净化水质效果较好。

典型的湿式有框浮床主要结构包括：浮床的框体、浮床床体、浮床基质和浮床植物。

6.10.4　关键设计参数

（1）浮床形状以四边形为多，还有三角形和六边蜂巢；单体边长一般为 2 ~ 3m。

（2）湿式有框浮床一般用 PVC 管作为框架，用聚苯乙烯板等材料作为植物种植的床体。

6.11　透水铺装

透水铺装是利用透水材料替代传统的混凝土、水泥、沥青等，铺设广场、停车场及人行道等硬化路面，使其在保持原有功能的前提下，提高雨水的下渗能力，减小下垫面径流系数的雨水控制利用设施。透水铺装按照面层材料分为透水砖路面、透水水泥混凝土路面和透水沥青路面。传统的园林铺地的鹅卵石、嵌草砖、碎石铺装等地面铺装也属于透水铺装。

6.11.1　适用条件

透水铺装主要适用于广场、停车场、人行道以及车流量较少的道路。其中，透水砖路面一般用于居住区、公园、广场的道路步行道，透水水泥混凝土路面用于小区道路、非机动车道等，透水沥青混凝土路面可用于快速路或高速公路，嵌草砖一般适用于低流量交通区域，如宅区间小路、停车场、高尔夫手推车车道、建筑与小区人行道等。地下水位或不透水层埋深小于 1.0m 处不宜采用透水铺装。

6.11.2　功能、特点

（1）有效促进雨水入渗，补充地下水；

（2）削减雨水径流量，减少对硬化铺装的冲刷；

（3）有效净化雨水径流，延缓径流流速。

6.11.3　典型结构

透水铺装主要由地表铺装材料和基质层构造两部分组成。（图 6-8）。

6.11.4　关键设计参数

（1）透水铺装坡度不宜大于 2%，当坡度大于 2% 时，沿长度方向应设置隔断层，隔断层顶宜设置在透水面层下 2 ~ 3cm。

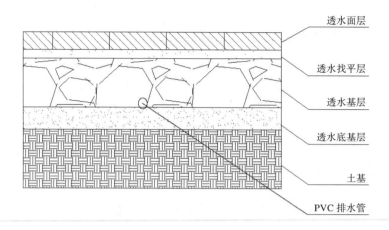

图 6-8　透水铺装结构示意图

（图片来源：《海绵城市建设技术指南——低影响开发雨水系统构建（试行）》，程慧改绘）

（2）透水铺装地面宜在土基上建造，自上而下设置透水面层、透水找平层、透水基层和透水底基层；当透水铺装设置在地下室顶板上时，其覆土厚度不应小于600mm，并应增设排水层。

（3）透水面层应满足下列要求：

渗透系数应大于 1×10^{-4} m/s，可采用透水面砖、透水混凝土、草坪砖等，当采用可种植植物的面层时，宜在下面垫层中混合一定比例的营养土；透水面砖的有效孔隙率应不小于 8%，透水混凝土的有效孔隙率不小于 10%；当面层采用透水面砖时，其抗压强度、抗折强度、抗磨强度等应符合《透水砖路面技术规程》中的相关规定。

（4）透水找平层应满足下列要求：

渗透系数不小于面层，宜采用细石透水混凝土、干砂、碎石或石屑等；有效孔隙率应不小于面层；厚度宜为 20 ～ 50mm。

（5）透水基层和透水底基层应满足下列要求：

渗透系数应大于面层。底基层宜采用级配碎石、中粗砂或天然级配沙砾料等，基层宜采用级配碎石或者透水混凝土；透水混凝土的有效孔隙率应大于 10%，沙砾料和砾石的有效孔隙率应大于 20%；垫层的厚度不宜小于 150mm。

（6）透水铺装地面结构应符合《透水砖路面技术规程》、《透水砖铺装施工与验收规程》等的相关规定。

（7）雨水径流水质等级低于Ⅳ级时不宜采用透水铺装；周边的客水不宜引导到透水铺装上。

6.12 多功能调蓄设施

城市多功能调蓄以调蓄暴雨峰值流量为目标，把防洪减涝、雨洪利用与城市景观、生态环境、和城市其他一些社会功能结合起来，高效率地利用城市宝贵土地资源的一类综合性的城市治水和雨洪利用设施（车伍等，2005）。通过合理的设计，这些设施能大幅度地提高防洪排涝标准，降低防洪排涝设施的费用，更经济、更高效地调蓄利用城市雨水资源和改善城市生态环境。

6.12.1 适用条件

（1）低凹地、池塘、湿地、人工池塘等收集调蓄雨水。

（2）利用凹地建成与市民生活相关的设施，如建成城市小公园、绿地、停车场、运动场、儿童游乐场、和市民休闲锻炼场所等。

6.12.2 功能、特点

（1）控制径流峰值，减少径流量，降低区域洪涝风险。

（2）净化雨水径流，去除径流中 SS、N、P 和 COD 等污染物。

（3）防洪减涝、调蓄雨水、补充地下水。

（4）高效利用土地资源，具有一定的景观价值和娱乐功能。

（5）湿地或水景环境，为动植物提供栖息居住场所。

6.12.3 典型结构

多功能调蓄设施的典型结构如图 6-9 所示。

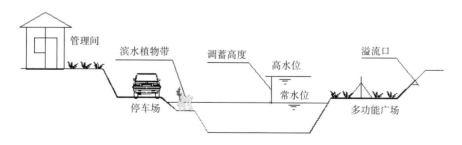

图 6-9 多功能调蓄结构

（图片来源：车伍等，2005；作者改绘）

6.12.4 关键设计参数

（1）结构设计使用年限为50年。

（2）宜布置在区域排放系统的中游、下游。

（3）有良好的工程地质条件，有条件的地区应在调蓄设施上方建设雨水处理设施。

（4）需设置进水管、排空设施、溢流管、弃流装置、集水坑、检修孔、通气孔及水位监控装置等。

第7章 绿色雨水基础设施植物的选择与设计

作为绿色雨水基础设施重要的组成部分，植物对其功能的实现和美学价值的发挥具有十分关键的作用。但目前我国针对绿色雨水基础设施的植物选择与设计方面的研究比较薄弱。一方面在植物的筛选上，国内的相关参考资料不多；另一方面，在全国范围内没有积累起足够的工程实践经验，也制约了雨水设施在园林景观中的推广应用。

当前我国海绵城市建设正在如火如荼地开展，大量城市绿地雨洪控制利用工程和绿色雨水基础设施正在建设，其植物选择与设计显得尤为重要。各地应尽快加强研究和工程实践，提出成熟可靠的绿色雨水基础设施植物名录。此外，绿色雨水基础设施的植物景观设计方法、维护管理模式也需要进行深入探讨（王思思、吴文洪，2015）。

7.1 植物在雨水控制利用中的重要作用

（1）污染物吸收与净化

屋顶、道路以及其他不透水面的污染物质会随着降雨径流进入雨水设施中，这些污染物质包括沉积物、营养物和重金属等。雨水设施中的植物可以吸收、净化雨水径流中携带的多种污染物。与传统工程措施相比，利用生态系统来转移、容纳或转化污染物，具有成本低、不破坏生态环境、不引起二次污染等优点。

美国学者 Lucas 等对种植植物和未种植植物的土壤对氮、磷等污染物的去除效率进行了对比研究，结果表明种植植物的土壤能够更有效地吸收、净化雨水中的污染物（Lucas and Greenway, 2008）（图 7-1）。研究还表明：生长速度较快、生物量较大的植物去污效果更佳，同时植物根系的生长可以在一定程度上提升土壤的吸收净化能力。

Fletcher, Read 等针对不同植物种类对雨水中氮、磷的去除能力，进行了进一步研究。实验结果表明，不同植物去除污染物的能力具有显著差异，莎草科植物（*Care × appressa*、*Ficinia nodosa*），灯芯草属植物（*Juncus*）及玉树（*Melaleuca ericifolia*）表现出了良好的去污性能，而这些植物共同的特点就是根系发达（Fletcher et al，2007；Read，2007，2010）。由此可以看出，发达的根系在去除雨水中污染物方面起重要作用。

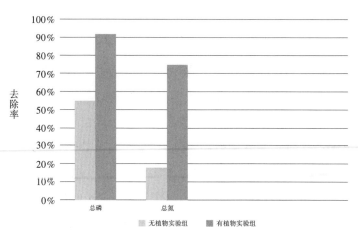

图 7-1　种植植物和未种植植物的土壤对氮、磷去除效率的比较

（图片来源：Lucas and Greenway，2008，王佳改绘）

（2）雨水滞留与渗透

在雨水设施中，植物茎叶能够在一定程度上截留雨水、减缓雨水径流；植物根系能够吸收渗透到土壤中的雨水，并通过茎叶的蒸腾作用向大气中释放。植物根系还有助于维持土壤长期的渗透性能，是雨水设施发挥雨水渗透功能的关键。Lewis 等通过实验，监测在种植植物与未种植植物两种条件下，土壤长期渗透性能的变化，其实验结果表明，未种植植物的土壤，土壤渗透性能会逐渐下降，且难以自我恢复；而种植植物的土壤，随着植物根系的生长，土壤渗透性能逐渐恢复。其中一项实验表明，在80% 沙壤土、10% 蛭石、10% 珍珠岩配比的土壤中，初始土壤渗透率为300mm/h,8个月后土壤渗透率降低到30mm/h,随着植物根系的生长，21 个月后土壤渗透率恢复到350mm/h 以上（Lewis，2008）。

（3）审美与环境教育

植物是雨水设施中最重要的景观元素，它能够使雨水设施充满生机和美感。设计师可以充分利用植物本身的形态、线条、色彩、质地、尺度等特征，对不同植物进行艺术性地搭配，创造出别具一格的植物景观效果，带给人们不同的视觉享受。雨水设施的植物之美，还可以让人们充分领略到大自然的丰富多彩，消除对雨水工程措施的刻板印象，提高公众对雨水设施的接受程度，具有显著的环境教育功能。同时植物也是多种动物的食源，可以营造动物的栖息场所。

（4）生态功能

雨水设施中的植物为其他生物，如鸟类、昆虫等提供了栖息环境，植物的根系为地下的细菌及藻类的生长提供了良好的条件，另外，干湿交替的环境，也能在一定程度上提高雨水设施的生物多样性。此外，植物通过光合作用吸收 CO_2 释放 O_2，通过蒸腾作用吸收热量、增加空气湿度，能够改善空气质量、缓解热岛效应、调节微气候（王佳等，2012）。

根据上面的分析，作者认为植物在海绵城市绿地雨水控制中的作用，主要具有净化、滞留、促渗等五方面的特性，此外还应兼顾其他生态、文化、景观、防护、生产等功能。

净化：该类植物具有突出的净化功能，适用于湿塘、湿地、生态浮岛、生物滞留等雨水设施；

滞留：该类植物根系发达、枝叶密实，具有突出的迟滞水流、防冲刷作用，适用于植草沟、生物滞留设施（下沉式绿地）、植被缓冲带等设施；

促渗：该类植物根系非常发达，通过根系的作用疏松土壤，使土壤能保持良好的下渗功能。适应于渗透塘、生物滞留设施（下沉式绿地）、人工土壤渗滤、干塘等设施。

7.2　不同雨水设施植物的选择

7.2.1　一般原则

适合的植物、科学的设计是雨水设施能够长期、充分发挥其功能的关键因素。雨水设施中植物的选择方法有别于一般的园林绿地，除了考虑生态、景观功能以外，更重要的是植物在特殊环境下的生长状况以及在雨水设施中的特殊功能。尽管不同雨水设施的结构各不相同，但是在植物的选择方面有一些需要共同遵循的基本原则（王思思、吴文洪，2015）。

（1）根据排空时间，合理筛选植物

首先应根据设施排空时间、土壤介质、径流水质等因素，有针对性地选择和配置耐淹、耐旱、耐污染、耐盐碱并能适应土壤紧实等各种不利环境条件的植物。如在生物滞留设施内由于要承受周期性的蓄水排水，所以宜选择能耐短期水淹而又耐长期干旱的植物，且缓冲区和蓄水区的植物也有所区别；北方冬天融雪剂的使用容易使径流内盐的含量较高，因此要注意对耐盐植物的选择。宜重视对禾本科植物的筛选，该类植物种类多、分布范围广、抗逆性强、景观价值高，容易繁殖，是优秀的绿色雨水基础设施种植材料。

（2）选用本土树种，慎用外来物种

优先选择乡土植物和引种成功的外来植物，积极对本土野生植物进行开发，重视"野花野草"的生态价值。"野草野花"对本地的适应能力强，维护成本低，构建的生态群落稳定。同时要尽量避免选择入侵物种或有破坏性根系的植物，入侵植物容易给已经建立起来的生态系统易造成严重的冲击，给管理维护带来压力。

（3）考虑周边条件，协调其他设施

绿色雨水基础设施不仅自身环境条件复杂，而且通常分布于道路、居住小区、公园等范围内，与其他市政等设施有一定交集或本身与市政设施紧密相连。因此，植物的选择要充分考虑与周边环境的协调。如位于市政设施下方的绿色雨水基础设施，植物的高度应满足市政设施高度和净空要求；位于道路周边和停车场中央的绿色雨水基础设施，为使植物选择不对交通安全造成影响，宜选择生长速度较慢的植物，以避免遮挡司机和行人视线；在靠近连通管、排空管、地下管网系统等设施旁，覆土厚度应满足植物生长所需，避免根系对这些设施产生破坏作用（王思思、吴文洪，2015）。

在这些基本原则的基础上，不同雨水设施的结构、功能、适用条件有所差异，对植物的要求也各不相同。以下针对主要的雨水措施类型分别讨论植物的选择与设计原则。

7.2.2 生物滞留设施

生物滞留设施包括雨水花园、高位花坛、生态树池等类型。生物滞留设施的设计渗透时间一般不大于24小时，需要选择既可耐短期水淹，又有一定抗旱能力的植物，雨水花园及下沉式绿地等生物滞留设施中不同种植区的水淹情况有所不同，一般可将种植区分为蓄水区、缓冲区、边缘区三个分区（图7-2），三个分区水淹状况依次递减，植物在这三个分区中的配置要充分考虑到不同植物的耐水、耐旱特性；为了提高对雨水中污染物的去除能力，需要选择根系发达、净化能力强的植物。可供此类生物滞留设施选择的植物品种很多，城市大多数草坪草、一些常见花草及木本植物以及近年来引入城市绿化、抗性较强的观赏草都可以种植在雨水花园中，可根据不同分区、不同景观要求进行选择与配植。

植物在这三个分区中的配植要充分考虑到不同植物的耐淹、耐旱特性。边缘区无蓄水能力，植物物种需要有较强的耐旱能力，对植物的耐淹能力无特别要求，可选用一般较耐旱的植物，与周边植物景观相衔接；缓冲区有一定的蓄水容积，对植物的耐淹特性有一定的要求,同时要求植物有一定的耐旱能力和抗雨水冲刷的能力;蓄水区植物物种耐淹能力和抗污染能力、净化能力要求最高,同时要求在非雨季的干旱条件下也要有一定的耐旱能力(王佳,王思思,车伍,李俊奇,2012)。

图 7-2　雨水花园蓄水分区示意图

(图片来源:作者绘制)

7.2.3　绿色屋顶

　　绿色屋顶由植物层、种植土层、排水层、屋面防水层等共同组成。它具有减缓雨水径流、净化空气、降低夏季室内温度、减少冬季室内热量散失、缓解热岛效应、提高生物多样性、丰富城市景观的作用。植物是绿色屋顶的主要覆盖物,通过植物对雨水的截留、吸收作用以及土壤层对雨水的吸收作用,可以大大降低屋面雨水径流的流量和流速,且经过净化后的雨水可以收集后回用。此外,植物叶片的蒸腾作用有助于调节建筑物的温度,节约能源。

　　粗放型绿色屋顶植物的选择首先要考虑到植物根系的长度不能超过种植土层厚度,一般受到屋顶的承载力和成本的限制,种植土层厚度一般为 5 ~ 30cm,因此需要选择根系较浅的植物;由于绿色屋顶位于高处暴露区域,因此需要选择抗风能力强的植物;为了尽量减少对植物的浇灌和维护管理,尽量选择抗旱能力强、不需经常修剪、抗性强的植物。常见的植物种类如八宝景天、垂盆草、蛇莓、紫花地丁、野牛草、结缕草等(王佳,王思思,车伍,2012)。

7.2.4 植草沟

植草沟需要选择抗雨水冲刷的植物，一般选择高度在 75 ~ 150mm 之间的草本植物，植物过高可能会由于雨水冲刷而引起植物倒伏，选择较高草本植物时要注意及时修剪；选择根系发达的植物，有助于污染物的净化及加固土壤，防止水土流失；植草沟内的植物需要承受周期性的雨涝以及长时间的干旱；植草沟内植物的种植密度应稍大，植被越厚，阻力越大，对雨水径流的延缓程度也就越大。植草沟内的植物种类一般较为单一，常见种类如结缕草、野牛草、早熟禾等。

7.2.5 嵌草砖

嵌草砖是透水铺装的一种形式，多用于人行道、停车场以及车流量少的道路及广场。它是指带有各种形状空隙的混凝土砖，空隙中种植植物，嵌草砖可以有效地促进雨水入渗，保证小雨时地面无积水，同时空隙里种植的植物可以净化径流雨水、减缓径流流速、调节微气候及美化环境。

由于嵌草砖路面及广场会有行人及少量行车经过，因此嵌草砖一般种植低矮且耐践踏的地被植物；嵌草砖内的植物也需要承受周期性的雨涝以及长时间的干旱。植物种类如结缕草、野牛草等。

7.2.6 雨水湿地、雨水塘、多功能调蓄

雨水湿地大多为人工湿地，通过模拟天然湿地的结构和功能而建造，用于控制雨水径流水质及峰值流量，调蓄利用雨水以及改善场地景观。雨水湿地是一个水陆交接的复杂的生态系统，通过植物吸收、微生物降解、介质过滤吸附等机理去除各种污染物，作用显著。

根据不同的水环境条件，可以将雨水湿地分为 5 个区，如图 7-3 所示（Shaw and Schmit, 2003）。不同分区适宜植物种类如下：

深水区：深约 0.45 ~ 1.8m，需要选择根系发达，净化能力强，抗较深水淹的水生植物。适宜选择沉水植物、浮水植物和部分挺水植物，如金鱼藻、狐尾藻、睡莲、荇菜、荷花等。

浅水区：深约 0 ~ 0.45m，需要选择根系发达，净化能力强，抗一定水淹的水生植物。这个区域较适合挺水植物的生长，如香蒲、芦苇、水葱、菖蒲、慈姑、鸢尾等。

植被缓冲区：湿地水陆交错的地带，是湿地向陆地过渡的区域，处于土壤比较

潮湿的环境中，也可能周期性地被雨水淹没，适合种植一些湿生植物以及水陆两栖植物，如千屈菜、黄菖蒲、莎草科、柽柳和柳属植物等。

泛洪区：一般情况下处于比较干旱的环境中，当遇到较大降雨或融雪时会被淹没。泛洪区一般比较平坦，某些湿地可以不设计泛洪区，由植被缓冲区直接过渡到边缘区。这个区域的植物需要耐长期干旱以及短期水淹，植物种类可参考生物滞留设施植物选择。

边缘区：边缘区植物的选择一般不受雨水淹没的影响，可以根据当地条件及景观条件等来进行选择。

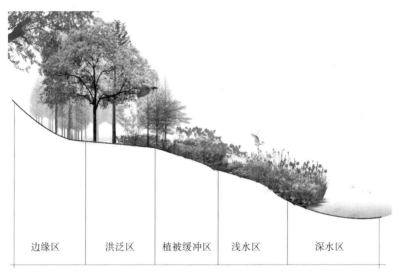

图 7-3　雨水湿地植物分区示意图

（图片来源：作者绘制）

雨水塘是指具有调蓄雨水及生态净化雨水功能的天然或人工水塘。根据水环境的不同，可以将雨水塘分为干塘和湿塘。干塘在雨季用于临时调蓄雨水径流，在非雨季是干的。干塘与雨水花园等生物滞留设施相比，规模较大，雨水滞留深度较深，植物需要抵御周期性的水淹并可以在长期干旱条件下生长良好，可供干塘选择的植物品种不多，水陆两栖类的植物如黄菖蒲、鸢尾、千屈菜以及一些耐湿观赏草等可以种植在干塘中。湿塘长期维持一定的水位，是非常好的一种生态水景观，植物的选择可参考雨水湿地深水区、浅水区植物的选择原则。

多功能调蓄设施是把雨水工程和城市生态环境和其他社会功能更好的结合的一类工程措施。这类设施的规模较大，在非雨季调蓄池不存水或维持较低的水位时，在水位以上的区域可以建造绿地、公园、停车场等，发生暴雨时，则利用这些场所作为调蓄空间，暴雨过后，雨水继续下渗或外排，并且设计在一定时间（一般不大于 24 小时）内完全放空。常水位以下植物的选择可参考雨水湿地深水区、浅水区植物的选择原则，调蓄空间植物的选择可参考植被缓冲区。

7.3 植物配置要点

植物设计要充分考虑绿色雨水基础设施的雨洪管理功能，同时重视植物的生长环境、景观效果等，营造物种稳定、功能健全的生态系统，形成管理维护简单、具有良好视觉效果的园林景观。

（1）分析场地条件，选择合适的植物配置方式

绿色雨水基础设施场地条件较为复杂，受水分、土壤、阳光、风力、温度及排水设施等条件影响较大。因此在设计之前要充分考虑植物本身的生态习性是否能够在雨水设施中良好的生长。例如在雨水淹没区的植物根的生长通常慢于茎的生长，根冠比下降。当雨水排尽时，先前淹没的植物根系吸水难以满足茎叶的蒸腾耗散，从而导致植物变得不耐干旱。

另外要运用植物本身特有的优势解决场地存在的问题。如应在绿色雨水基础设施出水口、入水口以及水池南部的开敞水面附近种植具有良好遮阴效果的植物，避免阳光直射水体，防止水温升高对水生动植物产生危害。在设施的出水口、入水口处不宜布置木本植物，因为木本植物根系较粗，难以将表层土固定；在面积较大的设施的北部，要种植常绿、耐风的植物，以抵抗冬季的冷风；在紧急溢洪道旁种植须根比较发达而主根不发达的植物加固紧急溢洪道，以抵抗大的水流冲击；溪流或水系景观效果较好，宜种植乔木、灌木、观赏草及草本植物来加固堤岸和提供遮阴空间；在陡峭坡地或池塘旁通过种植植物阻止人们进入这些具有潜在危险的区域。同时植物设计应尽可能满足设施对不同季节的景观需求。如在设施中搭配多年生植物能保证在早春有景可赏，搭配常绿或浆果灌木能为冬季带来良好的景观效果。

（2）植物与设施完美结合，发挥野草之美，营造富有特色的雨洪管理景观

绿色雨水基础设施作为风景园林新的景观要素，是很好的造景场地，植物也是重要的景观要素之一，将两者的优势充分发挥出来，建造富有趣味的雨洪管理景观。如生物滞留设施具有明显的边界，通过植物的搭配组合，可以营造不同于平常园林景观的雨水花园效果；雨水塘、植草沟等中的堰坝、消能石以及石笼等与

植物良好的搭配即能成景。另外，遵循自然是低影响开发追求的理念之一。所以植物布局宜采取自然式的植物设计，避免规则化、模纹化种植。

（3）多种植物科学合理的搭配组合，构成稳定的植物群落

植物是提供生态效益的基础，它们为鸟类、昆虫、两栖动物、爬行动物提供食物和栖息地，故而植物群落的健康稳定至关重要。为了防止绿色雨水基础设施生态系统产生致命的虫害或系统崩溃，提高系统的稳定性，需要不同物种搭配种植，同时提高雨水设施的景观效果、生物多样性、稳定性及功能性。如：在面积较大的绿色雨水基础设施，为了保证生态系统的稳定性，应至少选择 5 种植物来保证生物多样性。

（4）规避对植物设计有害的因素

植物设计常常会碰到很多意想不到的情况，如植物能吸引有益的野生动物，这些野生动物能够对植物产生有益的影响，如传播种子等，但是有些动物容易对新种植的植物产生危害，老鼠易咬食植物的嫩根，麻雀易啄食刚撒播的种子；在最近进行过建设的地区，土壤比较紧实，植物根系无法穿透，这使得留在土壤表面的种子经常被鸟啄食或被水冲走；在种植设计之前要测定土壤的渗透性、pH 值、土壤养分、矿物质等，对不适宜植物生长的土壤要进行改良。植物设计是一项系统工程，设计师应该综合考虑各方面的情况，因地制宜地提出合理的解决方案（王思思、吴文洪，2015）。

第8章 绿色雨水基础设施的相关规范导则

8.1 《公园设计规范》中融入低影响开发理念

8.1.1 修编背景

公园绿地是城市绿地系统的重要组成部分，也是城市生态系统的重要组成部分。它不仅可以满足人们休闲、娱乐以及进行各种文化活动的要求，还具有美化环境、调节微气候、保护城市生态系统和防灾减灾等多种生态功能。公园作为城市最主要的开放空间，可利用空间较大，理应担当起缓解洪涝灾害、保护城市水环境、营造多样化水生态系统的重任。

《公园设计规范（CJJ 48-92）》由北京市园林局主编，自一九九三年一月一日起施行。伴随着城市的发展，我国目前城市所面临的环境问题比 20 多年前要严重得多，特别是城市公园绿地在城市水文调节和雨洪管理中的功能和定位已经发生了很大变化。该规范中诸如总体布局、地形设计、铺装设计、地表排水等条款中的相关规定已不能适应当前海绵城市建设的功能需求。因此有必要将低影响开发、海绵城市建设的理念引入公园设计规范中，对原规范进行修编（王佳，2013）。在国家水体污染控制与治理科技重大专项课题"城市道路与开放空间低影响开发雨水系统研究与示范"（2010ZX07320-002）的支持下，作者于 2012 ~ 2013 年参与了《公园设计规范》的修编工作，对其中涉及海绵城市、低影响开发的内容提出了相关修改建议。

8.1.2 《公园设计规范》修编建议

为了更好地发挥城市公园的雨洪滞留、蓄存和净化功能，落实海绵城市建设理念，对原有规范提出以下修编意见：

（1）由于低影响开发理念在我国还处于发展阶段，为使低影响开发的理念及相关技术措施能够更好地被公园设计人员所接受和采纳，应在"术语"章节中加入低影响开发相关的专业术语，具体如下：

①低影响开发（Low Impact Development）

基于模拟自然水文平衡，利用小型分散措施对场地雨水进行源头控制的一种雨水管理方法和理念。

②雨水控制利用设施（Rainwater Control and Utilization Facilities）

对雨水进行强化入渗、收集回用、降低径流污染、调蓄排放或用于收集雨水使其形成景观或综合利用的设施总称，包括：雨水花园、植草沟等。

③生物滞留设施（Bioretention Facilities）

利用植物、土壤及下凹空间对小汇水面（如停车场、小型广场、街道、宅院等）的雨水进行滞留、净化、渗透以及排放的绿地设施。常见的生物滞留设施包括下沉式绿地、雨水花园、生态树池等。

④多功能调蓄设施（Multifunctional Detention or Retention Facilities）

为缓解周边区域洪涝风险而设置的一定规模（一般较大）的满足多功能用途的调蓄空间。非雨季时调蓄空间内不存水或维持较低的景观水水位，在水位以上的区域可作为绿地、停车场、运动场、公园等使用；暴雨时可利用这些场所暂时调节、储存雨水，暴雨过后雨水继续下渗或外排，恢复这些区域的多功能用途。

（2）公园绿地可利用空间较大，除了要考虑消纳公园场地的雨水外，还应考虑与周边场地相衔接，将周边场地的雨水径流引入公园绿地，在公园绿地内设置较大规模的集中式雨水设施和末端处理设施，如雨水塘、雨水湿地等，消纳、净化和利用本地与周边区域的雨水。在"与城市规划及周边场地的关系"章节中，建议增加以下内容：位于泛洪区或低洼地、有蓄洪功能的公园，应考虑接纳周边场地雨水，使周边场地雨水径流进入公园，在公园内设置 LID 雨水设施，对雨水进行滞留、净化以及回用，避免雨水径流通过雨水干管直接排入河湖水系。

（3）雨水收集利用设施、生物滞留设施、多功能调蓄设施应列入公园常规设施列表中，具体内容见表 8-1（王佳，2013）。

（4）公园内河湖水系的设计对公园水环境的构建起着关键的作用，直接影响着公园蓄滞雨洪和生态净化功能的发挥。故在"公园总体设计"章节中，对公园河湖水系的设计建议增加以下内容：公园河湖水系的设计应以调蓄雨洪和生态修复为主要目标，并采用生态堤岸、生物浮岛等措施提高河湖水系的抗污染和自净能力。

（5）尊重场地的自然地形，是基于低影响开发的场地规划的要求之一，既可以减少对原有场地生态平衡造成大的扰动，又可以减少工程成本。在"地形设计"章节中，建议增加以下内容：公园的地形设计应充分利用现有地形，保护原有湿地及自然排水路径，合理改造，尽量避免高填、深挖，尽可能减少土石方工程量。

公园管理设施修编内容   表 8-1

设施类型	设施项目	陆地规模（hm²）							
		<2	2 ~ <5	5 ~ <10	10 ~ <20	20 ~ <50	50 ~ <100	100 ~ <300	≥ 300
管理设施	治安机构	—	—	○	●	●	●	●	●
	应急避险设施	○	○	○	○	●	●	●	●
	垃圾站	—	—	○	●	●	●	●	●
	绿色垃圾处理站	—	—	—	○	○	○	●	●
	雨水收集利用设施	○	○	○	○	○	○	○	○
	生物滞留设施	○	○	○	○	○	○	○	○
	多功能调蓄设施	○	○	○	○	○	○	○	○
	变配所、泵房	—	—	○	○	○	○	○	○
	生产温室荫棚	—	—	○	○	○	○	○	○
	广播设施	○	○	○	●	●	●	●	●
	安保监控设施	○	○	○	○	○	○	○	○
	后勤管理用房	○	○	●	●	●	●	●	●
	综合管理办公机构	○	○	○	●	●	●	●	●

注："●"表示应设；"○"表示可设。

（6）公园作为供人们休憩娱乐的场所，公园内部一般车流量较少，因此，在公园内的多数车流量少的铺装路面可以采用透水铺装的形式，增加雨水入渗，减缓雨水径流。在"铺装设计"章节中，建议增加以下内容：人行道、广场、停车场及车流量较少的道路宜采用透水铺装，增加雨水的入渗，铺装材料要保证其透水性、抗沉降性及承载能力。

（7）低影响开发的理念强调以模拟自然水文循环的方式取代传统的管道排水方式处理场地地表雨水径流。在"地表排水"章节中，建议增加以下内容：公园道路标高宜高于周边绿地标高，将道路雨水引入周边绿地，并沿道路采取雨水控制利用措施，有效控制雨水径流；尽可能采取与公园绿地相结合的生态排水方式，如植草沟、植被缓冲带、渗透沟渠等，减少雨水管道及雨水井的使用。

（8）雨水设施中的植物选择是雨水设施充满生机并长期发挥功能的关键，根据雨水设施的特殊生境条件，植物的选择应遵循一定的原则。在"种植设计"章节中，建议增加以下内容：

有雨水滞留净化功能的绿地植物的选择原则：

①优先选择适应场地环境的乡土植物，慎用外来物种，确保各植物物种之间不存在负面影响；

②优先选择多年生植物，以减少维护费用；

③选择耐短期水淹的植物；

④选择对径流污染净化能力强的植物；

⑤选择耐污染、耐城市环境、抗性强的植物。

⑥根据雨水滞留、调蓄设施的水环境条件，选择不同的旱生、湿生或水生植物。

（9）为节约水资源，减少对水资源的不合理使用和浪费，在"给水"章节中，建议增加以下内容：优先采用雨水和再生水作为景观、绿化灌溉及道路冲洗等用水水源（王佳，2013）。

8.2 《嘉兴市分散式雨水控制利用系统技术导则》编制概况

依托国家水专项课题"河网城市雨水径流污染控制与生态利用关键技术研究与工程示范"子课题"河网城市雨水径流控制与利用关键研究与示范"，结合嘉兴城市特点，针对其水环境问题，作者通过历时18个月的实地调查、国内外案例分析和数据统计分析，研究并编写了《嘉兴市分散式雨水控制利用系统技术导则》（下文简称《导则》），2014年3月已通过专家评审。该项目主要对源头绿色雨水基础设施的总体建设目标、系统构建、设施选择、设计要点、维护管理等方面进行了研究，该导则也是我国较早编制出台的以低影响开发理念为指导的地方性雨水控制利用技术导则（王思思、程慧等，2014）。

8.2.1 编制背景

嘉兴市在城乡经济高速发展的同时，城市水污染和水环境问题突出，主要表现为以下两大方面：

（1）径流污染严重

嘉兴市城中片区的排水系统为截流式合流制，其他区域为雨污分流制。合流制区域的雨季溢流和分流制区域的雨水径流都会产生严重污染，而且，在分流制区域也存在较严重的雨污混接现象，严重影响了城市的河道水质状况。据《嘉兴市雨水系统现状分析与问题诊断调研报告》估算，由雨水径流冲刷地面造成的面源污染占嘉兴市本地污染（包括生活污水、农业面源、工业废水、船舶污水和径流污染等五个污染源产生的污染）的比重达到19.8%。由此可见，雨水径流污染已成为城市水体污染的主要来源之一。而且，由于嘉兴市区河网密布，雨水大多经排水管道就近排河，汇水区域较小，雨水初期冲刷现象较为明显，雨水径流中

COD、SS、TN、TP 等污染物指标浓度较高，每年雨水径流 COD 排放总量约是污水排放总量的 1.5 倍（以 COD_{Cr} 年排放总量计）。

（2）内涝灾害加剧

嘉兴市传统的城市开发模式使城市不透水区域面积增加，从而导致降雨的产、汇流时间缩短，峰值出现时间提前，径流总量和峰值流量增加。由于现有的城市排水管网设计标准偏低，不足以应对强降雨事件；当地较多地采用预制雨水算子，过流断面较小且淤积严重，也是导致城市排水不畅的重要原因之一。此外，由于嘉兴城区地势低平，大部分雨水管道排水口位于河道常水位以下，雨天管道末端易受管道顶托效应的影响，不利于排水，同时，部分河道空间被侵占，成为断头河，严重影响了河道的泄水能力，进一步加重了城市的排水压力。各个环节的不利因素叠加，提高了城市的内涝风险。

如何在城市开发过程中有效避免上述问题，已经成为嘉兴城市管理工作者面临的重要难题之一。为此，课题组积极探索既保护环境又满足城市发展需求的城市雨水管理系统，促进嘉兴的可持续发展（王思思、程慧等，2014）。

8.2.2 导则定位和总体目标

《导则》主要针对嘉兴市道路、建筑与小区、集中绿地等典型用地，对其雨水系统的规划设计方案的编制、审批及管理提供指导。以低影响开发为指导思想，强调通过源头控制，维持和保护场地的自然水文功能，有效缓解因不透水面积增加造成的峰值流量增加、径流系数增大及径流污染负荷加重等雨水问题（车伍等，2013）。将城市雨水管理与绿道网络的规划设计相结合，充分利用城市绿地构建嘉兴市分散式雨水控制利用系统，通过采取有效的雨水控制利用技术，控制径流污染、削减峰值流量，实现内涝灾害防治、合理利用雨水资源、改善生态环境及营造多功能景观等目标（王思思、程慧等，2014）。

《导则》编制过程中，借鉴了当时国内外最新的研究成果，围绕解决嘉兴市面临的综合性雨水问题，重点放在径流减排和污染控制，充分考虑嘉兴市当地条件，结合实地获取的数据和各方意见，提出了适合当地的技术路线、控制措施、控制目标及设计参数、管理机制、植物选择和运行维护方法等。

8.2.3 导则编制框架

《导则》主要包含正文和附录两部分。其中，正文部分包括总则、术语、分散式雨水控制利用系统总体目标、分散式雨水控制利用系统及设施的选择、典型用地分散式雨水控制利用系统的设计指引、管理机制和运行维护等七章内容。为增强《导则》的实用性，课题组在经过园林绿化专家论证的基础上，将分散式雨水控制利用设施及其植物的选择和维护管理作为专题列入附录。

术语部分对雨水控制与利用、设计降雨量、年径流总量控制率以及雨水调蓄、调节、滞蓄等重要的基本概念做出明确的定义。在嘉兴分散式雨水控制利用系统总体目标章节中，参考杭州、上海两市的设计降雨量-年径流总量控制率的统计分析结果，分别提出了嘉兴市新建城区和已建城区的雨水控制利用规划设计指标（潘国庆等，2008）：在新开发区域，年径流总量控制率为80%～85%，对应的设计降雨量为27～32mm；已建城区或改建、扩建项目，由于场地空间和绿化率等条件限制，达不到新区的标准，但年径流总量控制率也不宜低于50%，对应的设计降雨量为10mm（潘国庆等，2008）。

8.2.4 导则重点编制内容

（1）分散式雨水控制利用系统及设施

分散式雨水控制利用系统主要是指应用于在场地源头的一系列雨水设施的组合，起到雨水径流污染控制、调蓄排放、收集回用等多功能。它也是由雨水控制利用设施、管理、运行维护等子系统构成的有机整体。其中，分散式雨水控制利用主要设施包括下沉式绿地、植草沟、雨水花园、生态树池、透水铺装、绿色屋顶、雨水塘、雨水湿地、生态堤岸、生物浮床、水景调蓄利用和雨水口截污设施等。针对嘉兴市地下水位高、土壤透水性低等特点，结合项目的具体条件，确定相应的技术措施及其适用条件和设计参数。

需要说明的是，"分散式"雨水设施是一个相对的概念。该导则中，场地内一些末端控制设施如雨水湿地、雨水塘等，从城市或者流域等大尺度区域角度看，也可视为"分散式"的源头控制设施，因此也被纳入到本导则的分散式雨水控制利用设施中。

（2）典型用地的分散式雨水控制利用系统设计指引

导则中，选取嘉兴市典型的下垫面和用地类型，分类提出明确的控制目标，结合分散式雨水控制利用系统给出具体的设计要点、技术流程和应用示意，为实际工程项目提供指引。

A. 道路

道路是城市最主要的不透水面，嘉兴道路占建成区面积的近三分之一且径流污染严重，因此，道路采用分散式雨水控制利用系统的目标以削减面源污染为主，雨水调节和收集利用为辅。

具体设计原则：道路红线内外绿地的高程一般应低于路面。通过在绿化带内设置植草沟、雨水花园、下沉式绿地等设施滞留、消纳雨水径流，减少雨水排放，设施的设计应与道路景观设计紧密结合；道路红线外绿地在空间规模较大时，可设计雨水湿地、雨水塘等雨水调蓄设施，集中消纳道路及周边地块雨水径流，控制径流污染；此外，不同类型的道路路面如自行车道、人行道以及其他非重型车辆通过的路段，宜优先采用渗透性铺装材料。

B. 建筑与小区

建筑与小区绿化空间较大，径流污染程度相对较轻，因此建筑与小区的雨水控制利用目标以削减地表径流、滞蓄雨水为主，有条件的小区可兼顾径流污染的控制和雨水的收集利用。

具体设计原则：优先采用植草沟、渗透沟渠等自然地表排水形式输送雨水径流，以减少小区内雨水管道的使用（王思思、程慧等，2014）；必须使用雨水管道时，宜结合采用截污挂篮等雨水口截污设施；结合景观设计雨水花园等设施时，考虑到嘉兴地区的黏土渗透性差，可采取土壤改良技术，并设置溢流；对于广场、停车场、步行道等设计荷载较小的路面宜采用透水铺装，增加雨水的下渗利用。

对有水景的小区，优先利用水景来收集和调蓄场地雨水，同时兼顾雨水蓄渗利用及其他设施。景观水体的设置应充分考虑小区的场地条件，保证周边径流尽可能汇入其中。水体具体规模需综合考虑汇水面积、水量平衡和控制目标等多重因素分析确定。

C. 集中绿地

绿地是城市中最重要的透水下垫面，是生态型雨水设施的空间载体。集中绿地的可利用空间较大，应担当起控制径流、改善城市水环境的重任。

集中绿地的雨水控制利用目标以雨水滞蓄和收集利用为主，尽可能收集处理周边的地表径流，同时兼顾径流污染的控制。

具体设计原则：在保证绿地应有功能的前提下，将绿地景观设计与雨水控制利用相结合，通过合理的竖向设计，将集中绿地周边汇水面（如广场、停车场、建筑与小区等）的雨水径流引入集中绿地，结合排水防涝要求，在绿地内布置下沉式绿地、雨水花园等雨水控制利用设施。在公园绿地等较大的公共空间内设置雨水塘或雨水湿地，雨水径流滞留、净化后，再进入河湖水系，避免雨水径流通过管网系统直接排放，造成水体污染及水资源浪费。有条件的水体可采用生态堤岸、生物浮岛等设施，进一步改善水环境质量。其位置和规模可结合水系及沿岸绿化带条件和管线汇水区域特征布置，尽可能保持河岸的自然状态。

（3）管理机制的建设

推进分散式雨水控制利用系统的建设，需要嘉兴市建设和管理等各部门的配合与支持。建设项目的各参与方需按《导则》组织开展分散式雨水控制利用系统的设计、施工与管理工作并编制上报材料。规划管理部门在规划审批及设计方案中，纳入分散式雨水控制利用系统的设计专项内容，明确控制指标。建筑管理部门按照分散式雨水控制利用设计方案评估报告和《导则》对专项设计内容进行审查。园林市政部门进行设计评审时，对分散式雨水控制利用系统的设计专项内容进行把关；绿化景观工程竣工时，对专项内容验收并提供竣工验收报告（俞绍武等，2010）。

（4）实施效果的评估

参照《导则》采取分散式雨水控制利用设施，若控制年径流总量的50% ~ 85%，将有效控制城市径流污染的总污染负荷，进而使城市雨污水总污染物的排放量显著降低。针对不同的项目条件，采用实测调查和模型模拟等研究方法，可得到更为精确的效果评估（王思思、程慧等，2014）。

第9章 宏观尺度案例：北京市水生态安全格局规划

在宏观尺度上，构建绿色雨水基础设施的主要途径是通过规划和建设水生态安全格局（海绵生态空间格局）来实现。这一水生态安全格局在区域整体上维护着多种水文过程的安全和健康，为城市提供可持续的生态系统服务，包括免受洪涝灾害、提供水资源、维护水文平衡、恢复水生态系统等（俞孔坚等，2012）。本书通过"北京市水生态安全格局"这一案例来对具体的规划思路和内容进行介绍。[①]

9.1 北京城市水生态环境问题

北京是中国城市快速发展的典型代表和缩影，在这一过程中，北京市人口从1978年的870万增长到2008年的1700万，建成区从1978年的180km²增长到2007年1289.32km²，并且以每年32km²的速度增长（牟凤云等，2007；建设部，2008）。城市土地覆被的快速变化带来了严重的水环境问题。

9.1.1 北京城市不透水面的增加和地下水位的下降

北京市山前冲积扇的顶部和中上部区域透水性好，是最重要的地下水补给地区。然而，由于城市建设用地的扩展，这些地下水回补区的补给能力受到严重影响。例如，中心城坐落于永定河冲积扇上，该区域是城市重要的地下水补给区。然而随着中心城区的不断扩张，该区域的不透水面积达到75%，致使降水难以自然入渗，补给地下水。

城市不透水面积的增加以及地下水的过度开采，导致北京市地下水位连年下降。根据北京市水务局统计，2009年末北京市平原区地下水平均埋深为24.07m，地下水资源量15.08亿m³；与1980年末比较，地下水位下降16.83m，储量减少86.2亿m³；与1960年比较，地下水位下降20.88m，储量减少106.9亿m³。2009年地下水严重下降区（埋深大于10m）的面积为5369km²，较2008年增加118km²；地下水降落漏斗（最高闭合等水位线）面积1047km²，比2008年增加18km²（北京市水务局，2010）。

---

① 来源于王思思在北京大学攻读博士学位期间（2007-2010）参与的《北京市生态安全格局战略研究》工作。

9.1.2　频发的城市内涝灾害和雨水资源的流失

城市不透水面积的增加和传统的管道排水方式，致使地表径流的总流量、峰值流量和流速增大。加之排水管道建设的滞后和排水标准的低下，城市面临着愈来愈大的排水压力，内涝已成为困扰城市的重大社会问题。据北京市水务局统计，北京市区主要积水点 43 处，每逢暴雨，城区部分路段积水十分严重，车辆行人通行受阻，甚至给生命财产造成重大损失。2004 年，北京"7·10"城区暴雨，造成41 处重点路段、8 处立交桥下严重积水，西二环、三环、四环交通瘫痪；5 间房屋倒塌；90 处地下设施进水（臧敏，2009）。

与此同时，北京市水资源严重匮乏。以 2009 年为例，北京市地表水资源量 6.76 亿 m³，地下水资源量 15.08 亿 m³，水资源总量仅为 21.84 亿 m³，比多年平均水量 37.39 亿 m³ 减少了 42%。在如此严峻的用水形势面前，大量珍贵的雨水资源却白白流失。据 1985 ~ 1997 年统计，扣除过境水量，北京市多年平均汛期径流出境水量约 7.13 亿 m³，其中绝大部分为汛期未能控制利用的暴雨径流（钱易等，2002），约占全年总用水量（40 亿 m³）的 20%。若能有效利用降雨径流回补地下水，或进行直接利用，将在很大程度上缓解水资源短缺的问题。

因此，如何科学调控雨水资源的时空分配，一方面减少径流排放、提高城市防洪排涝能力，一方面充分利用这些雨水资源，是城市规划和景观设计所亟须解决的挑战。

9.2　规划目标与技术路线

因此，要从根本上解决北京城镇空间增长所带来的生态环境问题，就必须实现对土地生态系统的"高效保护"。所谓"高效保护"是强调通过战略性的、主动的、系统的规划，优先保护那些对提供生态系统服务具有关键意义的生态安全格局，这也正是城市扩张的生态底线，是城市赖以生存和可持续发展的最核心的生态基础。这个基础性景观格局应当作为禁限建区规划的核心内容，构成区域发展的"底"和刚性格局，而可建设区域应作为弹性的"图"，留给市场和发展规划去完善。即通过最少的保护实现最大的功效，以便在有限的土地资源条件下尽可能为城市发展留足空间。这也正是"反规划"的核心理念（俞孔坚等，2009）。

本研究以恢复天然水文过程和维护城市雨洪安全为目标，通过 ArcGIS 空间分析技术，对雨洪、地表径流等过程进行分析和模拟，判别出维护北京市雨洪安全的关键性空间格局，即雨洪安全格局，并考虑地表饮用水源保护及地下水补给等功能，构建北京市综合水安全格局。这一格局是生态安全格局的重要组成部分。

水生态安全格局规划的技术路线如下（图9-1）：

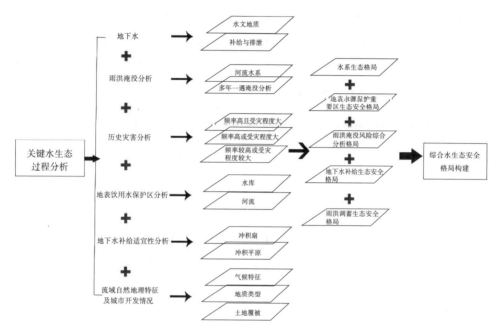

图9-1 北京市水生态安全格局研究技术路线

（图片来源：作者绘制）

（1）关键水过程的识别。在生态现状调查的基础上，识别流域内关键的水过程。一般包括：洪涝过程、水源保护、面源污染控制等，这些关键的生态过程是水生态安全格局研究的子目标。

（2）景观安全格局的分析。针对具体目标，如防洪排涝、水源涵养和生物保护、水质管理等，逐一进行景观安全格局分析。目前，景观安全格局研究中已形成了较完善的基于RS/GIS的空间分析方法和技术体系，可以为分析某一问题的水生态安全格局提供技术支撑。

（3）水综合安全格局的构建。综合叠加针对不同水过程的安全格局，得到水综合安全格局，将其落实在土地利用和城市规划中，即为水生态基础设施。同时，水综合安全格局强调对水生态系统结构和功能的恢复，在现有土地利用和景观格局的基础上，立足于水系的维护，进行土地利用方式的调整。

9.3　北京市水资源现状

9.3.1　降水与蒸发

北京市多年平均降水量 585mm（1956 ～ 2000 年系列）。降水量等值线走向大体与山脉走向相一致，多雨中心沿燕山、西山迎风坡分布。年降水量在 700mm 以上的地区有怀柔区的八道河、房山区的漫水河、平谷区的将军关一带，其中八道河面积最大，量值也最大，达到 820mm，枣树林为 770mm。由弧形山脉向西北、东南降水量不断减少。

北京降水量集中在夏半年(4 ～ 9 月)，占年降水量的 90% 以上；冬半年（10 ～ 3 月）雨量不足 10%。特别是夏季 6 ～ 8 月的降雨，占到全年降水量的 75%，其中 7 ～ 8 两月降水量占夏季降水量的 84%，7 月下旬到 8 月上旬为北京市的降雨高峰。

北京市年降水量的丰枯变化幅度也较大，如 1959 年最大降水量 1406mm，1891 年仅 169mm，相差达 8.3 倍。降水的年际、年内的不均衡性，不仅造成了河流的暴涨暴落，易发生水旱灾害，而且在山区还造成了严重的水土流失，甚至发生泥石流危害。且北京的蒸发量远大于降水量（王思思，2010）。

9.3.2　地表水

北京地表水系统由自然水系统和人工水系统构成：自然水系统主要是指河流，人工水系统则包括鱼塘、湖泊、水库、人工河渠、稻田等（图 9-2）。

北京地处海河流域，境内有永定河、潮白河、北运河、大清河、蓟运河五大河系，共有支流 100 余条，长 2700km。随着北京及周边地区降雨量的下降、各类水利工程的修建以及地下水位的变化，多数河流已经断流或蓄水量明显下降，河流的实际长度、宽度和面积均发生了较大的变化。现存的主要河流有 65 条，多数为五大水系的支流，或为主要水库的水源。

截至 2006 年，北京市兴建了官厅、密云等大、中、小型水库 87 座，其中大型水库 4 座，中型水库 15 座，小型水库 68 座，总蓄水能力达 93 亿 m³。其中大中型水库的水面积达到 311.7 km²，控制山区面积的 70% 以上。

截至 2006 年，北京市湖泊湿地水域总面积 6.844km²。北京市湖泊水深一般为 2 ～ 3m，西郊砂石坑改建为湖泊，水深达 10 余米。湖泊供水主要是来自密云水库、官厅水库及地下水补给，其次是工厂排水及灌溉退水补给。

坑塘、稻田大多分布在离水源入河流水渠、水库等较近的区域。其分布面积约为 71.945 km², 其中 84.6% 分布在昌平、顺义、通州、大兴、平谷。此外, 在密云水库上游的白河流域、延庆县境内的官厅水库湖畔等零星分布着水田, 约有 6.463 km²。

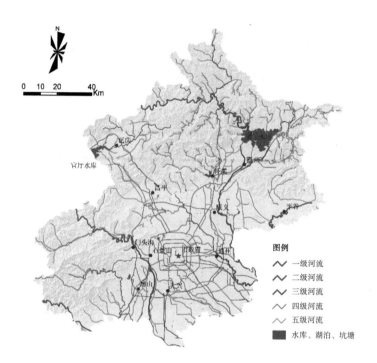

图 9-2 北京市地表水系分布图

（图片来源：作者绘制）

9.3.3 水资源

北京属温带半干旱、半湿润季风气候区, 水资源主要来源于天然降水, 其特点是：

（1）降雨时空分布不均, 年际间丰枯交替。年内降水主要集中在汛期三个月, 占全年的 75%。年际间丰枯连续出现的时间一般为 2 ~ 3 年, 最长连丰年 6 年, 连枯年达 12 年。水源地主要分布在北部郊区和境外, 水质、水量受上游地区影响, 加大了水资源管理和保护的难度。

（2）水资源总量严重不足。以 2005 年人口为基数, 全市人均水资源量 248m³, 属资源型重度缺水地区, 同时也存在工程型缺水和水质型缺水问题（北京市水务局, 北京市发改委, 2006）。北京市多年平均水资源量 37.39 亿 m³, 平均入境水量为 16.1 亿 m³, 多年平均出境水量为 14.5 亿 m³（北京市水务局, 2008）。

　　水资源总量的不足导致地下水超采问题十分严重。从 2001 年到 2005 年，全市地下水储量累计减少近 30 亿 m^3。平原区地下水平均埋深已达到 20 米，与 20 世纪 80 年代相比，地下水已累计亏损 60 多亿 m^3。超采区面积达 5980 km^2，严重超采区 2186 km^2。

9.4　水文过程分析

9.4.1　地下水

　　（1）水文地质

　　A．山区　山区地下水主要赋存于岩溶裂隙、裂隙孔隙中，从含水岩性及地下水赋存条件可划分碳酸盐岩岩溶裂隙水、碳酸盐岩夹碎屑岩裂隙岩溶水、碎屑岩裂隙孔隙水、岩浆岩裂隙孔隙水、片麻岩裂隙水 5 种，其来源主要于大气降水，并受气象、地质、地貌等自然因素控制。

　　B．平原　平原地下水系统的补给源主要是大气降水入渗补给和山前径流补给，主要排泄途径是人工开采。永定河、潮白河、沟河、拒马河、大石河等河流冲洪积顶部地区，砂卵石裸露，地下水除接受山区河谷潜流不断补给外，大气降水入渗及河水入渗条件良好，是平原区地下水的主要补给区；处于山前的非主要河谷地带，包气带主要由粘砂、碎石及带状分布的砂卵石组成，大气降水及山区洪水入渗条件、含水层厚度与富水条件较主要河谷出山口地带稍差；冲积洪积平原地下水溢出带，分布于冲积洪积平原顶部的边缘地带，其顶部的地下径流一部分在本带溢出，单井出水量高，地下水位埋藏浅，调蓄能力好；冲洪积平原地区，即由各水系河流的冲洪积作用交错形成的广大平原区，包气带主要由黏性土及沿古河道分带的砂带组成，由于水平径流差，而以垂直循环为主，即以大气降水和灌溉回归水的入渗及潜水面蒸发为主（图 9-3）。

　　（2）补给与排泄

　　A．补给来源

　　大气降水是地下水总的补给来源，补给途径是多方面的。其中降水入渗补给是地下水的主要补给来源，占地下水补给量的 50%。地表水入渗补给、山区侧向补给、灌溉渗漏补给、人工补给也是较为重要的补给途径。

　　B．排泄途径

　　地下水排泄途径主要包括潜水蒸发、人工开采和补给地表水。

　　地下水严重超采区面积为 3312km^2，占平原区总面积的 50.74%，主要分布于顺义北石槽、赵全营和西集等一带；超采区面积为 1743km²，占平原区总面积的 26.70%，主要分布于延庆、康庄、昌平、张家湾、马驹桥、安定等地；未超采区面积为 1473km²，占平原区总面积的 22.56%（北京市环保局，2005）。

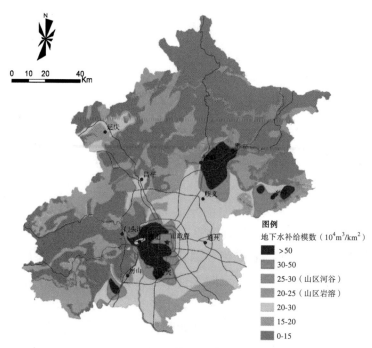

图 9-3 北京市地下水资源补给能力分布图

（图片来源：《北京市国土资源地图集》）

9.4.2 雨洪淹没分析

水利部《关于加强海河流域近期防洪建设的若干意见》，确定北京城市防洪标准应达到防御 200 年一遇洪水的能力。本研究根据可获得的准确降水数据及上述标准，确定了 20 年一遇（5%），50 年一遇（2%），200 年一遇（0.5%）作为划分不同安全水平的依据，并通过 SCS 模型和 GIS 技术，估算不同降雨强度下的径流量和淹没范围。

在 SCS 模型中，CN 值反映了流域下垫面的产流能力，它与土地利用类型、土壤类型及前期土壤湿润程度密切相关。本研究根据北京市土地利用类型的分布、土壤质地数据，确定了下面的北京市 CN 值表（表 9-1）。在得到北京市 CN 值以后，根据 SCS 模型的计算公式，得到了不同降雨重现期下各个集水区内的地表径流量，在减去水库的蓄洪容量后，就得到每个集水区内需要滞蓄的地表径流量。

北京市 SCS 模型的 CN 值（AMC Ⅱ）　　　　　　　　　　表 9-1

土地利用类型	A	B	C	D
耕地	72	81	88	91
园地	32	57	72	79
林地	30	55	70	77
草地	39	61	74	80
低密度城市用地	49	69	79	84
高密度城市用地	77	85	90	92
水域	98	98	98	98
其他土地	76	85	89	91

注：A、B、C、D 为水文土壤类型。A 类为潜在径流量很低的土壤，主要是具有良好排水性的砂土或砾石土；B 类土壤主要是一些沙壤土；C 类与 B 类基本相似，为轻、中壤土；D 类为潜在径流量很高的土壤，主要是具有高膨胀性的黏土和重黏土（周翠宁等，2008）。

在 ArcGIS 的水文分析模块的辅助下，利用已有的数字高程模型和水文数据，采用无源淹没法模拟地表径流过程。根据地表径流量与雨洪淹没范围内总水量体积相等的原理，来判别每个集水区的雨水淹没范围，最终得到不同降雨重现期（20年、50年、200年一遇）下的雨洪淹没范围（图 9-4）。

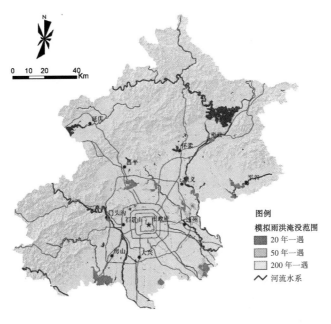

图 9-4　北京市模拟雨洪淹没风险分析图

（图片来源：作者绘制）

9.4.3 历史洪涝灾害分析

北京市洪涝灾害发生的次数较多，其中整体而言威胁最大的是永定河的洪水，对平原地区造成灾害较为严重的是潮白河和北运河的洪水和涝渍灾害。

综合 1956 年 8 月、1959 年 8 月、1963 年 8 月、1964 年 8 月的历史洪涝灾害数据和北京市易涝易渍类型分布图（北京市水利局，1999；丰台区水利局，2003；北京市潮白河管理处，2004），分析北京市历史洪涝淹没区域（图 9-5）。从图中可以看到，历史洪涝灾害淹没的范围主要集中在北京市平原地势低洼的地区。受灾严重的区域包括丰台区东部，朝阳区温榆河下游老河湾地区，通州区东南部，大兴区南部，房山区的东南部以及延庆盆地官厅水库周边等（王思思，2010）。

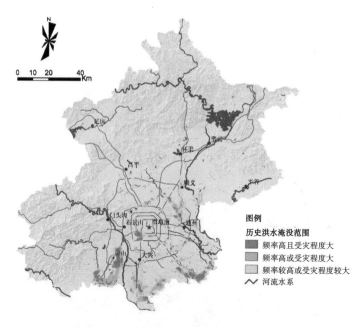

图 9-5　北京市历史洪涝淹没风险分析图

（图片来源：作者绘制）

9.4.4 雨洪安全格局分析

通过将上述两种淹没范围进行叠加，得到北京市雨洪淹没风险评价图，并根据雨洪淹没风险，划分为三种水平（图 9-6）。从图中可以看到，雨洪淹没风险较高的区域主要分布在东南部平原地势平坦或低洼的地区，包括丰台区、温榆河下游老河湾、通州东南部、大兴南部、房山区的东南部等地区。可以得出，这些区域在自然水文过程下，具有调蓄雨洪的功能。在这些区域留出足够的滞水湿地，避免城市建设，可以维护雨洪的自然过程，同时最大限度地减少洪涝灾害的损失。

影响北京市雨洪淹没范围分布的主要因素包括：

（1）降水因素：北京市降水量年际间的差异巨大，降水量年内分布不均匀，汛期降水量占全年降水量的84%以上，且汛期降水往往集中于几场暴雨，极易引发洪涝灾害。

（2）地形地貌因素：北京市的山前平原地区地势平坦，局部有零星坡岗、洼里和河间洼地，地面坡降为1/1000 ~ 1/2500，排水不畅，容易遭受洪涝灾害。

（3）土壤因素：表层土壤属洪积冲积相，成土母质主要是冲积扇和扇缘地带沉积物。土壤质地以壤质土为主，在耕作层下有不连续的黏土层和礓石层，透水性较差，易受涝渍灾害（朝阳区水利局，2004；王思思，2010）。

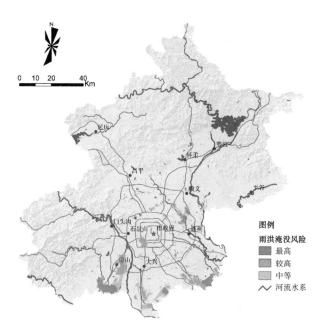

图9-6 北京市雨洪淹没风险综合分析图

（图片来源：作者绘制）

9.4.5 地表饮用水源保护重要性分析

地表饮用水源保护的重要性主要根据评价地区在流域所处的地理位置，对整个流域水资源的贡献以及《北京市海河流域水污染防治规划》来进行综合评价。选择北京市区以及其他区县生活饮用水的主要水源地作为水源保护的"源"。然后根据自然属性、开发利用现状以及生态和社会功能确定地表水源地及缓冲区的保护级别。如密云水库、怀柔水库以及官厅水库是北京市区的最重要地表水源地，它们对于北京市的水安全具有重要影响。在本研究中，根据正式颁布的《北京市密云水库、怀柔水库和京密引水渠水源保护管理条例》来确定地表水源保护的重要地区。

9.4.6　地下水补给适宜性分析

根据地下水资源补给能力分布图（图 9-3）可知，各大水系的冲积扇以及冲积平原是北京市补给地下水的重点区域，它们包括（1）永定河的冲积平原，由三家店向东南呈扇状展开，包括中心城西部的大部分区域，如海淀、石景山、丰台区；（2）潮白河冲积平原，潮白河出密云山前后呈条带状南北延伸，主要包括密云县南寨镇、十里堡镇和西田各庄境，怀柔区的东部和顺义区的北部；（3）沟错河冲积平原，展布于平谷与二十里长山之间，主要包括平谷区的王辛庄镇、峪口地区、大兴庄镇、金海湖地区、南独乐镇、夏各庄镇、马坊地区和东高村镇；（4）拒马河冲积平原，由大石河等支流作用形成，主要包括房山区的窦店镇、石楼镇和城关街道；（5）南口冲积扇，主要包括昌平区南口镇。上述区域主要由砂卵石、沙砾等物质构成，透水性好。受山区侧向径流和垂直降水入渗补给，年补给能力在 50 万 m^3/km^2 以上，是回补地下水的理想天然场所。在这些区域的周边，冲积扇和冲积平原的中下部，也是地下水回补的理想场所，年补给能力在 30 万 ~ 50 万 m^3/km^2 之间。

9.5　北京市水安全格局构建

通过上述分析，判别了对维护地表水源保护、地下水回补、雨洪调蓄以及水系格局具有重要功能的土地和空间格局。同时，上述四方面是相互联系的整体，它们对于维护北京市的水文调节都是不可或缺的，因此在构建水文调节安全格局时赋予相同权重。通过将这四种单一功能的安全格局叠加，得到水安全格局（图 9-7）。北京市水安全格局由以下四部分内容组成（王思思，2010）：

（1）水系：包括北京市各级河流、水库、湖泊、湿地、坑塘及其滨水缓冲区。

（2）地表水源保护重要地区：包括密云水库、怀柔水库的一级、二级和三级保护区。

（3）地下水补给重要地区：包括中心城地下水补给区、潮白河地下水补给区、沟错河地下水补给区、大石河地下水补给区。

（4）雨洪淹没风险区：包括朝阳区金盏乡老河湾及周边地区、丰台区、房山区琉璃河地区和石楼镇、大兴区安定镇南部和礼贤镇东部、通州区永乐店镇东南部、顺义区李桥镇西部。

北京市水安全格局的划分标准如表9-2：

生态功能	低水平安全格局	中水平安全格局	高水平安全格局
北京市水安全格局划分标准			表9-2
地表水源保护	一级保护区内与水源保护功能兼容的土地	一级保护区和二级保护区内与水源保护功能兼容的土地	一级保护区、二级保护区和三级保护区内与水源保护功能兼容的土地
地下水补给	年地下水补给模数 >50 万 m³/km² 区域内的透水地面	年地下水补给模数 >30 万 m³/km² 区域的透水地面	—
雨洪调蓄	历史雨洪淹没和模拟雨洪淹没重叠区域内的非建设用地	历史雨洪淹没范围内的非建设用地	历史雨洪淹没范围和模拟雨洪淹没范围内的非建设用地
水系	河流、湖泊、水库、坑塘、苇地、滩涂	河流、湖泊、水库、湿地本身及滨水缓冲区	—

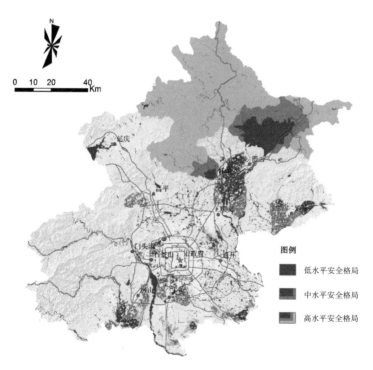

图 9-7　北京市综合水安全格局

（图片来源：作者绘制）

9.6 北京市水生态系统修复策略

针对北京市水资源短缺、水系格局破碎化等突出问题，从恢复天然水文循环、节约利用雨水资源和完善水系格局的角度，提出如下水生态系统修复策略：

（1）促进地下水回补

北京市的山前冲洪积扇以及一些废弃河道的水文地质条件十分有利于地下水补给，是建立地下水回补区的理想场所。因此，应严格控制这类地下水回补区内的土地利用，对建设用地侵占水域、林地、园地、耕地进行监管和控制，并制定相关法律法规，对新增建设用地的不透水表面进行管理，保证新开发地区的径流系数不高于开发之前。在废弃砂石坑、河流故道等水文地质条件适宜地区积极开展地下水回灌，在有条件的城区，增加雨水下渗设施，恢复地下水水位。

（2）综合利用雨水资源

合理利用雨水是缓解北京水资源短缺、减缓城市内涝和控制面源污染的重要战略。可根据不同城市用地条件积极开展雨洪控制利用，修复水生态环境。

住宅区、校园等功能区的雨水水质较好，较适宜开展雨洪调蓄利用，应因地制宜地开展雨水集蓄利用，采用经济、适用的措施进行雨水收集，并优先用于绿化、喷洒道路、补充景观水体。道路雨水径流污染程度较高，通过在道路红线内外人行道、绿地内布置渗透性铺装、初期弃流设施、植草沟、下沉式绿地、雨水花园等雨水控制利用措施，构建水环境友好的绿色道路系统，提高道路排水能力、降低径流污染程度、增加雨水下渗量。绿地雨水水质较好，可利用空间较大，通过将雨水设施与景观设计相结合，充分利用景观水体和植被，构建雨水花园、雨水湿地等雨水调蓄设施，形成集雨水生态收集、湿地景观营造、休闲游憩功能为一体的新型城市绿地。

（3）构建城乡连续的水系游憩网络

为缓解北京市水系格局破碎化的趋势，应大力加强水系网络的建设。充分利用城市河流廊道、城郊农田水网及自然河流水系，将不同类型的水域尽可能连接起来，并尽可能采取生态化工程措施，将人工河道恢复为自然河道，恢复河道的自然形态。在关键景观节点优先建立大型滞水湿地。沿水系构建滨水植被带，恢复生物多样，并建设自行车道和步行道，保证市民充分享用滨水开放空间，从而构建起以水系统为核心的城市多功能绿色游憩廊道网络。

第10章 中观尺度案例：宁波市海绵城市试点城市实施方案

在中观尺度上，绿色雨水基础设施可通过海绵城市规划、城市控规等进行落实。作者参与了宁波市申报第二批国家海绵城市试点的工作，并进行了相关前期研究。本章通过对宁波市海绵城市试点城市实施方案的介绍，着重展示在中观尺度上如何系统规划绿色雨水基础设施，以及如何通过与灰色基础设施的衔接，实现海绵城市的多种目标。[①]

10.1 宁波基本概况

宁波市是浙江省的副省级市，位于东海之滨，大陆海岸带中段，长江三角洲南翼，全市陆域总面积9816km²，其中市区面积2461km²（六区）。宁波市属亚热带季风气候区，降水量丰富，多年平均降雨量为1455.4mm。春季，常有沥涟春雨。初夏，形成"梅雨"天气，极易造成较大规模的城市内涝灾害。盛夏时，天气晴热少雨，但经常遭受台风和热带风暴登陆侵袭，形成狂风暴雨，造成全流域或部分流域大洪水及沿海高潮位。

慈城-姚江片区作为宁波市海绵城市建设试点区，建设期限为2016～2018年。试点区位于姚江流域，总面积为30.95km²，包括慈城新区、前洋立交东北侧地块（电商园区）、姚江新区启动区、姚江新区和谢家地块、慈城古县城、天水家园以北地段、湾头地块。

10.2 宁波开展海绵城市建设的可行性分析

10.2.1 必要性分析

（1）城市发展目标需求

2015年10月宁波市政府发布了《关于实施"提升城乡品质建设美丽宁波"行

---

① 本节内容取材于作者主持的《宁波市海绵城市试点城市实施方案项目》（2015-2016）。

动计划的指导意见》（甬政发〔2015〕106号），改善城市生态环境是宁波市城市未来发展的重要目标之一，而海绵城市建设本质是通过控制雨水径流，恢复城市原始的水文生态特征，使其地表径流尽可能达到开发前的自然状态，从而实现修复水生态、改善水环境、涵养水资源、提高水安全、复兴水文化的五位一体的目标。宁波市城市发展目标与海绵城市建设目标高度一致。

（2）水安全战略需求

宁波市于2013年7月被列为全国首批45个水生态文明试点城市之一。随着全市工业化、城镇化快速推进和全球气候变化影响加剧，宁波市面临着严峻的水安全形势，传统的治水理念和用水方式，已难以适应时代发展要求。因此必须积极开展自然积存、自然渗透、自然净化的海绵城市建设，重塑宁波的城市水环境。

（3）"稳增长、调结构、促改革、惠民生"的重要举措

海绵城市建设涉及宁波城市建设的方方面面，与新区建设、旧城改造以及棚改紧密相关，涉及房地产开发、园林绿化、水体修复治理、市政基础设施建设等，能够有效拉动投资，调整产业结构，促进绿色产业的发展。

10.2.2 问题分析

（1）水环境整体状况亟待提高

宁波市中心城区奉化江干流、姚江干流及甬江干流水质目前均为Ⅳ～劣Ⅴ类，主要污染物为溶解氧、氨氮、总磷、石油类、高锰酸盐等。造成水质污染的原因除了工业废水不达标排放外，主要问题有雨水径流的面源污染、城市污水处理能力有限、合流制管线乱接、混接、溢流等造成的污染。

A. 径流污染控制不到位

根据《宁波市雨水径流污染监测及研究报告》中的相关结论得出，宁波中心城区地表年径流污染负荷总量，如表10-1所示。

<table>
<tr><td colspan="12" align="center">宁波市中心城区雨水径流年污染负荷量（t/a）　　　表 10-1[①]</td></tr>
<tr><th>指标</th><th>TP</th><th>COD$_{Cr}$</th><th>SS</th><th>NH$_3$-N</th><th>TN</th><th>石油类</th><th>Cd</th><th>Cr</th><th>Cu</th><th>Pb</th><th>Zn</th></tr>
<tr><td>年污染负荷量（t/a）</td><td>186</td><td>29326</td><td>57469</td><td>142</td><td>1776</td><td>944</td><td>1</td><td>2</td><td>3</td><td>21</td><td>140</td></tr>
</table>

由表10-2和表10-3可知，宁波市中心城区雨水径流 TP、COD$_{Cr}$、TN 及石油

---

① 表10-1，表10-2，表10-3，表10-4数据来源于《宁波市雨水径流污染监测及研究报告》

类指标均明显高于《地表水环境质量标准》（GB3838-2002）Ⅳ类水体的标准，按各指标的超标倍数排序，其污染程度依次为：石油类（5.64 倍）>TN（4.34 倍）>COD$_{Cr}$（2.89 倍）>TP（1.93 倍）>Pb（1.36 倍）。

雨水径流污染物 EMC 与水质标准的比较（mg/l）　　　　　表 10-2

水质标准	SS	TP	COD$_{Cr}$	NH$_3$-N	TN	石油类
雨水径流	240.45	0.58	86.71	0.46	6.51	2.82
《地表水环境质量标准》Ⅳ类	—	0.3（湖、库 0.1）	30	1.5	1.5	0.5

雨水径流重金属 EMC 与水质标准的比较（mg/l）　　　　　表 10-3

水质标准	Cd	Cr	Cu	Pb	Zn
雨水径流	0.003	0.036	0.038	0.068	0.38
《地表水环境质量标准》Ⅳ类	0.005	0.05	1.0	0.05	2.0

随着宁波市点源污染的有效治理，宁波市中心城区雨水径流污染日益成为城市水体的主要污染源，雨水径流污染物 SS、COD$_{Cr}$、TP、TN 的年排放总量占城市年污染物排放总量的比例分别为 67%、31%、11%、12%（表 10-4）。从以上可以看出城市雨水径流污染已经成为受纳水体水环境污染的重要来源之一，因此，城市雨水径流污染控制是宁波市水环境质量改善的关键环节。

雨水径流年污染物排放量占城市年污染物排放量的比例（%）　　　　表 10-4

污染物类型	SS（t）	COD（t）	TP（t）	TN（t）
点源污染物年排放总量	27893	65902	1444	13618
雨水径流年污染物排放总量	57469	29326	186	1776
城市年污染物排放总量	85363	95228	1630	15394
雨水径流污染占比	67%	31%	11%	12%

B. 污水处理能力需提升

城镇建设规模的逐步扩大，对城市污水处理能力提出了更高的要求。宁波市污水处理厂的污染物出水浓度满足《城镇污水处理厂污染物排放标准》（GB18918-2002）出水一级 A 标准的目前只有滨海污水处理厂，其他污水处理厂出水满足一级 B 标准和二级标准。因此，城市污水处理能力尚有较大的提升空间。

（2）"涝、洪、潮"三重灾害风险威胁城市水安全

姚江是宁波中心城区排水防涝的走廊，然而，城区原有堤防防洪能力不足；部

分水闸泵站陈旧，一些河段甚至没有堤防，两岸经常遭受比较严重的内涝灾害。宁波市虽然在不断采取措施努力解决城市内涝问题，但状况仍不容乐观，若不能很好地解决城市内涝问题，宁波中心城区将极有可能同时面临内涝、洪水、潮水三重灾害叠加的风险。

（3）水质型缺水与水资源开发利用不足矛盾突出

水质型缺水是宁波市水资源短缺的主要原因。水资源主要来自自然降水，由于流域封闭、过境水少、人口密度大，水体污染问题严重，宁波人均水资源占有量仅为全国平均水平的50%，而且满足生活饮用水源水质要求的水量比例很小，水质型缺水情况尚未得到改善。一方面，污染严重的雨水径流直接排入城市内河，对城市水系污染贡献率达到三成左右，造成了水资源的严重污染；另一方面，城市雨水径流的收集、净化及回用尚不到位，雨水资源回用率低，造成了水资源的浪费。在水资源日益成为宁波发展瓶颈的今天，提高雨水资源回用率可从一定程度缓解用水紧张的局面。

（4）水生态系统亟待修复

宁波市目前面临着水生态系统功能退化、湿地面积萎缩、河岸硬化严重等一系列水生态问题。部分地区的江河中上游梯级水电站的兴建和跨区域修建的调水工程，大大简化了水体作为生态系统自身的调控和平衡功能，自然水系被人为分割，江河湖泊作为调蓄水量的功能被忽视。富营养化和其他人为干扰使许多湖泊和部分水库的水质变坏，使水体生物多样性下降。由于栖息地面积的大量减少，生物的种群和数量大幅下降，水生态系统的功能日益退化。

（5）水文化特色尚未充分挖掘

宁波自古以来就是商船往来、水系密织的鱼米之乡和港口重镇。作为历史上富甲一方的"海上丝绸之路"的起点和京杭大运河的最南端，宁波水文化特色突出，不仅有与都江堰齐名的它山堰水利枢纽，又有闻名天下的河姆渡文化，更有塘河、碶闸、堰坝、石桥等散布其中。但目前对水文化的保护和利用缺乏统筹规划与思考，水文化遗产未得到科学研究及合理利用。

10.3 宁波海绵城市建设目标和指标

10.3.1 建设目标和指标

（1）总体目标

针对宁波水系的突出问题，通过构建海绵城市低影响开发雨水控制利用系统，"绿-灰"结合、"岸上-水系"结合和"蓄-排"结合，综合实现水生态、水环境、水资源、水安全及水文化多重目标。近、中、远期目标如下（图 10-1）：

A．从 2016 年起，中心城区、各类园区、成片开发区要全面落实海绵城市建设要求；

B．到 2018 年，试点区达到海绵城市建设目标要求，将 80% 的降雨就地消纳和利用；

C．到 2020 年，城市建成区 25% 以上的面积要达到海绵城市建设目标要求，将 75% 的降雨就地消纳和利用；

D．到 2030 年，城市建成区 80% 以上的面积要达到海绵城市建设目标要求，将 75% 的降雨就地消纳和利用。

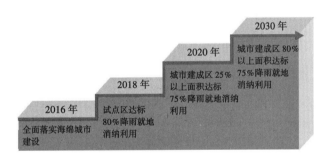

图 10-1　宁波市海绵城市建设目标计划图

（图片来源：于迪绘制）

各目标具体指标如图 10-2 所示：

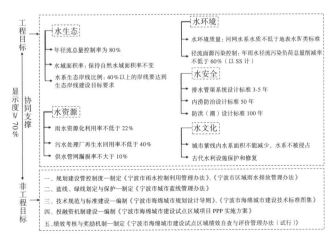

图 10-2　宁波市海绵城市试点区建设目标示意图

（图片来源：吴文洪参照王二松等的基础上绘制）

根据图 10-2 所示，宁波市海绵城市建设目标由工程目标和非工程性目标组成，非工程性目标是实现工程性目标的制度基础，工程性目标与非工程性目标两者协同支持，顺利推进海绵城市建设。

（2）水生态

A. 年径流总量控制率

宁波市试点区年径流总量控制率定为 80%（设计降雨量为 24.7mm）。

B. 水域面积率

参照《宁波市城市总体规划（2006-2020 年）》2015 年修订版，结合试点区域内规划河网水系和现状分析，综合确定水域面积率，保持自然水域面积率不变。

C. 水系生态岸线比例

试点区域 40% 以上的岸线要达到生态岸线建设目标要求。

（3）水环境

A. 水环境质量

结合现状水质状况，试点区域内河湖水系水质不低于《地表水环境质量标准》Ⅳ类标准，且优于海绵城市建设前的水质。当城市内河水系存在上游来水时，下游断面主要指标不得低于来水指标。

B. 径流面源污染控制

径流面源污染控制以 SS 为监测指标，结合宁波雨水径流污染情况，以雨水径流排河水质标准不大于地表水Ⅲ类水体标准限值为原则，确定年雨水径流污染负荷总量削减率不低于 60%（以 SS 计）。

（4）水资源

A. 雨水资源化利用率

根据《宁波市海绵城市及低影响开发雨水系统构建专题研究》，结合宁波水资源禀赋情况，从雨水资源利用的潜力分析、需求分析和工程效益分析三方面比较，确定试点区域雨水资源化利用率不低于 22%。

B. 污水处理厂再生水回用率

结合目前污水处理厂再生水回用实际情况以及再生水的需求分析，确定污水处理厂再生水回用率不低于 40%。

C. 供水管网漏损率

结合宁波市 2014 年管网漏损率为 13.88% 的数据分析，参照《住房城乡建设部办公厅关于印发海绵城市建设绩效评价与考核办法的通知》（建办城函〔2015〕635 号）要求，确定供水管网漏损率不大于 10%。

（5）水安全

A. 排水防涝标准

依据《室外排水设计规范》GB 50014-2006（2014 版）、《宁波市城市总体规划（2006-2020）》（2015 年修订）和《宁波市中心城区排水（雨水）防涝综合规划（2014-2020）》的相关要求，试点区排水防涝执行以下标准：

①排水标准

通过海绵城市建设，一般地区排水管渠系统重现期全部达到 3 年一遇以上标准，重要地区达到 10 年一遇标准，地下通道和下沉式广场达到 30 年一遇标准。

②防涝标准

试点区内涝防治标准为有效抵御不低于 50 年一遇暴雨，并确保居民住宅和工商业建筑物的底层不进水，道路路面积水深度不超过 15cm。

B. 防洪（潮）标准

根据《城市防洪工程设计规范》GB/T 50805-2012、《宁波市城市总体规划（2006-2020）》（2015 年修订）及《甬江流域防洪治涝规划》（2011 年）的相关要求，除慈城新区防洪（潮）标准为 100 年一遇外，其他试点区为 200 年一遇。

（6）水文化

A. 城市紫线内水系面积

城市紫线内水系面积不能减少，水系不被侵占。

B. 古代水利设施保护

对古代水利设施进行保护和修复，不得拆除、破坏古代水利设施。

10.3.2　具体指标

（1）建成区内

根据流域分区划分海绵城市建设区域，综合采取"渗、滞、蓄、净、用、排"等措施，通过宁波市各级政府年度投资计划和项目推进建设，推动五水共治、品质城市建设、棚户区改造等相关项目融入海绵城市建设。

A. 试点区域综合指标

单位面积控制容积指以径流总量控制为目标时，单位汇水面积上所需低影响开发设施的有效调蓄容积（不包括雨水调节容积）。统计试点区每一控制单元的单位面积控制容积和相应的年径流总量控制率，如表 10-5 所示。

B. 建成区域单项指标

①渗、滞、蓄：下沉式绿地率、透水铺装率、绿色屋顶率、水域面积率

宁波市各示范区控制单元核心指标分配表　　　　　　表 10-5

分区名称	控制单元	单位调蓄容积（m³/hm²）	总调蓄容积（m³）
慈城古城水文化保护示范区	A	131	32938
慈城新区水敏感性城市综合提升示范区	B	184	60148
	C	153	32462
水土涵养与水土保持示范区	D	160	22043
新区海绵城市综合示范区	E	151	41593
	H	178	45573
	I	199	32326
	M	204	41015
城乡接合部径流面源污染防控示范区	F	147	27516
	G	138	20848
老城区内涝防治综合示范区	J	168	48157
	K	142	24325
	L	146	43128

根据宁波土地覆被和土壤特点，宁波市公共停车场、人行道、步行街、自行车道和建设工程的外部庭院的透水铺装率不宜小于 40%。每个地块的具体数值根据指标分解结果确定，保持自然水域面积率不变。

②净：地表水体水质标准、径流面源污染控制、水系生态岸线比例

按照《宁波市水生态文明建设试点实施方案》，试点区地表水按照一级水功能区标准执行。河湖水系水质应不低于地表水Ⅳ类标准。年雨水径流污染负荷总量削减率不低于 60%（以 SS 计）；试点区域 40% 以上的岸线要达到生态岸线建设目标要求。

③用：雨水资源利用率、污水处理厂再生水回用率、管网漏损率

场地内分散式雨水资源收集利用率不低于 22%；城市污水处理厂再生水回用率不低于 40%；公共供水管网漏损率不大于 10%。

④排：雨水管渠排放标准、城市排水防涝标准

试点区一般地区排水管渠系统重现期全部达到 3 年一遇以上标准，重要地区达到 10 年一遇标准，地下通道和下沉式广场达到 30 年一遇标准。

试点区内涝防治标准为有效抵御不低于 50 年一遇暴雨，并确保居民住宅和工商业建筑物的底层不进水，道路路面的积水深度不超过 15cm。

（2）建成区外

A. 防洪（潮）标准

综合考虑宁波市姚江流域防洪体系，城市外部河湖水系防洪标准应以 100 年一遇为标准。

B. 城市集中式饮用水源地水质达标率

通过水生态修复，可将东湖作为宁波市备用水源地，保证慈江新区供水安全可靠。目前宁波市水源地除皎口水库、周公宅水库、横山水库、亭下水库、白溪水库外，计划建设 9 座水库，提高城市供水安全和排水防涝的能力，最终使城市集中式饮用水源地水质达标率达 100%。

10.4　技术路线和措施

10.4.1　总体思路

（1）总体理念

A. 治水理念由"工程治水"向"生态治水"转变

系统应用"渗、滞、蓄、净、用、排"技术措施，通过洪涝控制、雨水径流与合流制溢流污染控制、水环境治理、水资源利用、生态环境修复等手段，促使宁波市"弹性"适应环境变化与自然灾害，为解决宁波突出的城市水问题及相关环境问题提供重要的途径和保障。

B. 强化规划的控制和引领作用

加强规划管理对海绵城市建设的指导，着重体现海绵城市建设的基本要求、控制目标和关键指标，并通过海绵城市专项规划将控制目标与建设任务分解，最终通过工程项目的设计与建设实现总体控制目标。将 LID 的理念、要求和具体指标纳入城市水系统、园林绿地系统、城市道路系统等专项规划中，并与土地利用总体规划、城市总体规划和城市主体功能区规划保持衔接。在控制性详细规划方面，明确规划区及各地块 LID 控制目标，统筹协调源头 - 中途 - 末端雨水控制利用系统，合理规划平面布局和竖向设计。通过各级规划的逐步落实，确保各类雨洪控制目标的落实。

C. 结合宁波实际，以问题和目标为导向，注重因地制宜

根据宁波市本地自然地理条件、水文地质特点、水资源禀赋状况、降雨规律、水环境保护与内涝防治要求以及宁波本地的社会经济特征、棚户区改造、清三河（黑河、臭河、垃圾河）工作等，以宁波市突出的水环境、水安全和水资源问题为导向，

合理确定低影响开发控制目标与指标，科学规划布局和选用下沉式绿地、植草沟、雨水湿地、透水铺装、多功能调蓄等低影响开发设施。

D. 注重绿色雨水基础设施和灰色基础设施的结合

充分发挥雨水管渠、泵站、碶闸等灰色基础设施的优势，构建源头 LID 设施与中途灰色基础设施以及末端调节的河湖水系的城市雨水控制利用技术体系，构建完整的源头＋中途＋末端的雨水控制利用系统。对存在改造条件的部分合流制管道进行合改分，同时利用截流干管、小管弃流、管网更新等对区域内重现期较低的管网进行提标改造，增加管道末端截污措施。

E. 综合雨水控制技术体系构建的关键因素和基本原则

充分分析宁波市自然基本特征和社会经济特征，可总结建筑与小区、道路、绿地与广场、河湖水系等不同用地类型的雨水控制目标与技术要点（图 10-3）。

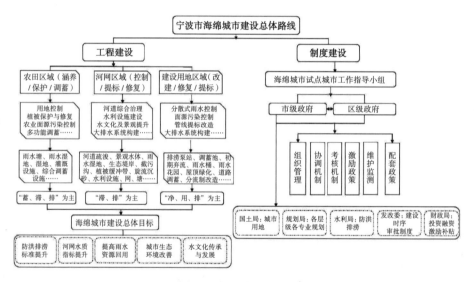

图 10-3　宁波市海绵城市建设总体技术路线

（图片来源：作者绘制）

（2）海绵城市工程建设

基于水文水力模型分析和径流水质控制分析，对建设区域进行全面诊断，以问题导向和目标导向确定建设区内海绵城市建设目标。将核心目标年径流总量控制率纳入到城市总体规划中，并在各控制性详细规划中落实相关控制指标。设计阶段应对不同低影响开发设施及其组合进行科学合理的平面与竖向设计，在建筑与小区、城市道路、绿地与广场、水系等规划建设中，应统筹考虑景观水体、滨水带等开放空间，构建海绵城市可持续水循环系统。海绵城市建设与所在区域的规划控制目标、水文、气象、土地利用条件等关系密切，因此，选择海绵城市工程建设的工艺流程、单项设施或其组合系统时，需要进行技术经济分析和比较，优化设计方案。海绵城市相关设施建成后应明确维护管理责任单位，落实设施管理人员，细化日常维护管理内容，确保设施的运行正常。海绵城市工程建设途径示意图如图 10-4 所示。

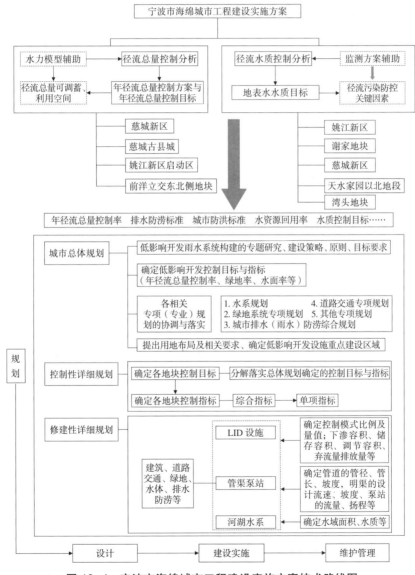

图 10-4 宁波市海绵城市工程建设实施方案技术路线图

（图片来源：于迪绘制）

（3）海绵城市制度建设

为了做好宁波市海绵城市试点区内的径流总量控制、径流污染控制以及雨水资源化利用等工作，宁波市政府及各相关部门相继出台海绵城市试点项目相关的建设、运营和管理机制，并依法制定城市供水、排水、节水和雨水综合利用的政策法规。

进一步强化相关政策法规的执行力度，建立政策法规执行的监督制度，增强政策执行的透明度和可信度。公共政策执行必须强化责任追究制度，实行风险预警机制，使政策执行者权责一致，对因政策执行不力而造成损失的责任主体，要依法追究其责任。

宁波市住房和城乡建设委员会是宁波市区雨水工程规划的审批主体，同时也是宁波市区雨水工程设计、建设和运行维护的监督管理主体，宁波市发展改革委、国土资源局、水利局、环保局等相关部门应积极配合有关工作。宁波市规划管理部门在规划审批中，要将海绵城市建设要求纳入规划设计，明确设计降雨量等指标。设计方案中要有海绵城市设计专项内容，并要求园林市政主管部门参加设计方案评审。宁波市园林市政部门在设计方案评审时对海绵城市设计专项内容进行评审。如果项目通过初步设计评审，应对海绵城市设计内容进行把关，发展改革委对扩初设计和施工图等进行审查。在工程项目绿化工程设计方案评审阶段，要求建设单位提供海绵城市设计方案评估报告，进行海绵城市建设评审；在绿化景观工程竣工时，进行海绵城市建设指标验收，并要求提供建设竣工验收报告。宁波市建筑管理部门的审图机构要按照海绵城市设计方案评估报告和相关规范要求对海绵城市设计内容进行审查。

A. 规划建设管理办法

明确责任主管单位，在项目前期管理阶段要求海绵城市专项规划明确目标和相关指标，在项目规划许可时将专项规划的要求作为规划许可的前置条件。在土地拨让、项目设计招标、方案设计评审阶段等要达到海绵城市建设的相关要求；在施工图设计文件审查、变更、监理等满足海绵城市建设的管控要求；明晰在竣工验收、移交和运营管理方面的责任和义务。保障海绵城市建设试点工作的有序开展。

B. 区域雨水排放管理办法

明确区域雨水排放相关内容，其中区域的划分应以基于排水主干管（渠）的汇水范围划分的排水分区为基础，区域雨水排放管理应以年径流总量控制为核心控制要求。区域的年径流总量控制目标应在城市总体规划阶段研究确定，在控制性详细规划阶段分解落实，并作为前置条件纳入城市规划许可严格实施。在建设项目土地出让和划拨环节、建设用地规划许可环节、建设工程施工图审查环节、建设工程规划许可环节、建设工程施工许可环节、建设工程竣工验收环节，应明确海绵城市相关要求，城乡建设主管部门会同相关部门做重点审查，业主单位或运营管理单位应加强对海绵城市相关设施的运行维护，保障设施的正常运行，排水主管部门应加强对相关工程措施的检查和绩效评估。

10.4.2 试点区总体建设方案概要

宁波市海绵城市试点区域总体以 80% 年径流总量控制率为刚性控制要求，以径流水质控制、排水防涝标准、防潮标准为建设目标。采用源头低影响开发系统＋管渠系统＋超标雨水排放系统协同建设，保证示范区海绵城市建设目标的实现。因地制宜地采用适合宁波市本地的建设技术，以解决示范区问题为导向，根据各地块控制指标，合理布置低影响开发设施（图 10-5）。

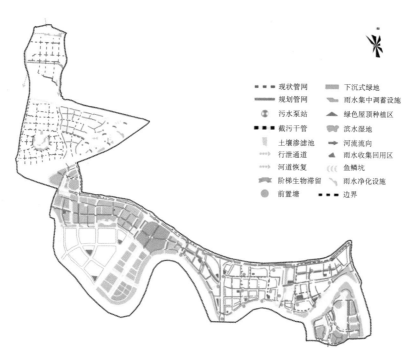

图 10-5 试点区总体建设方案示意图

（图片来源：刘丽君、仝贺绘制）

10.4.3 试点区分区建设方案概要

根据试点区内地形地貌、水文地质、场地开发建设强度、城市规划定位及面临的水系统问题将试点区分为：慈城古城水文化保护示范区、慈城新区水敏感性城市综合提升示范区、水土涵养与水土保持示范区、城乡接合部径流面源污染防控示范区、老城区内涝防治综合示范区、新区海绵城市综合示范区。

根据试点区域海绵城市年降雨径流总量控制率为80%的建设要求，试点区域单位面积控制容积应达到166m³/ha，场降雨总调蓄容积达到346800m³。此外，结合各个示范区的实际情况，对试点区年径流总量控制率进行一级分解，确定各示范区的雨水控制总体目标；然后根据各示范区内场地的用地性质、开发建设强度、水面率及绿化情况等，对各示范区的年径流总量控制率和单位面积控制容积进行二级分解，落实到相应的控制单元和地块中，如图10-6所示。

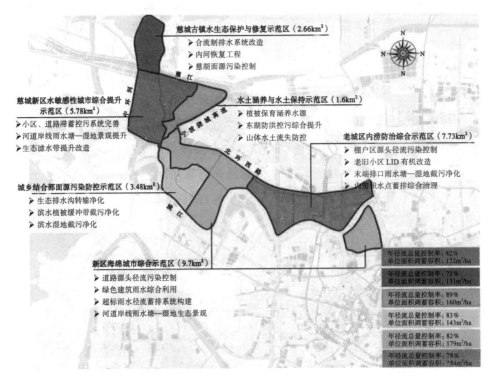

图10-6 宁波市试点区各示范区分布示意及核心指标分配图

（图片来源：吴文洪绘制）

（1）慈城古镇水生态保护与修复示范区

拥有1200年历史的慈城古县城三面环山、一面临江，山水相依，风景秀丽，是目前我国江南地区保存最完整的千年古城，有着"江南第一古县城"的美誉。古城北部有唐开元年间开凿的慈湖，湖水来自古城北部的山体汇流。雨季时慈湖对洪水起到收纳、缓冲、调蓄的作用，旱季时湖水用于农田灌溉。古城的主要道路间距约 200m，除中轴线道路外，其他道路边布置了宽度 2 ~ 3m 不等的河道，形成了河、街并行、"半街半水"的"双棋盘"路网格局。2005 年，慈城古县城被列为国家级历史文化保护名镇，其出色的文物保护工作获得 2009 年联合国教科文组织亚太地区文化遗产保护荣誉奖。

A. 主要问题分析

慈城新老建筑杂陈，建筑高度以一、二层为主，材料以砖、瓦、石材为主。慈湖位于慈城正北边，其排水体制的现状为雨、污合流制，在古县城的主要街巷都埋设 D300 ~ D800 合流管，部分合流管道为填河时直接埋设于原河床。管道的现状是排水方向混乱，不成系统。污水未经处理直接排至护城河，最终汇入慈江，对水质环境影响较大。

旧建筑没有配套的卫生设施、生活杂排水通过管道至街巷合流管，粪便通过粪车定时收集或倒粪池收集。新建筑或改造后具有卫生设施的建筑通过化粪池，经沉淀进入街巷合流管。

晴天，管道污水量小，流速低，沉淀物沉积在管底，造成管道阻塞。而雨天，管道流量骤增，沉积物被雨水携入护城河，使排入护城河的污染物明显增加，同时，由于管径偏小，内部地坪较低，造成雨水排泄不畅，城内积水严重。根据用水量数据，推算古县城现状污水量为 0.3 万 t/ 日。

B. 主要技术方案（图 10-7，图 10-8）

①合流制排水系统改造

通过合流主干管道将城内雨污水排至古城外，在甬余公路旁设一座合流提升泵站，雨、污水经提升、消压后进入截流管。晴天时将污水接入城市污水主干管至城市污水处理厂，而雨天时通过泵站和截流管道对进入城市合流制管道的雨、污水进行净化处理。除将部分污水及初期雨水径流接入污水主干管至城市污水处理厂外，还要将绝大部分雨水径流排入人工湿地进行净化后再排入护城河。在提升泵站附近规划建设一处雨污水净化湿地，计划先将主干管中的雨污水通过提升泵站和截留管道进入雨水净化湿地，将雨污水进行初步净化后再排入护城河中。

②内河恢复工程

根据《慈城古县城市政规划》的要求，对解放河进行开挖和恢复，增强古镇水系的连通性，改变城区内因水流不畅而导致的水质恶化情况。同时通过对解放河路的生态恢复，可以重新构筑古城一河一路的江南水乡景观，与古朴的明清建筑相辉映，形成小桥流水、粉墙黛瓦的小城风貌，进而展示慈城丰厚的历史文化底蕴。

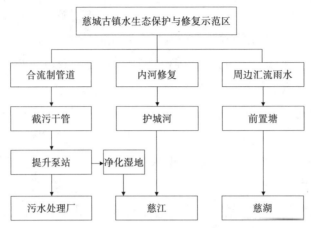

图 10-7　慈城古镇水生态保护和修复示范区技术路线图
（图片来源：吴文洪绘制）

图 10-8　慈城古镇水生态保护与修复示范区方案示意图
（图片来源：吴文洪绘制）

　　而且，通过内河的开挖和修复，还能起到增添慈城旅游趣味，增加古城活力，调节改善城区小气候的作用。同时，恢复的河渠还可以作为城市应急消防水源，对古县城古迹的火灾防护起到一定的积极作用。

▷ 恢复河床的自然形态，防止出现经过人工硬化的河床；

▷ 采用具有自然形态的生态驳岸；

▷ 在提升河道景观品质的前提下，应结合地形，在沿道路的一侧河岸建设一定宽度的植被缓冲带，避免道路雨水径流未经净化处理进入河道。

③慈湖面源污染控制

▷ 根据慈湖周围雨水汇流区域的现状情况，在慈湖南段雨水排入较多的地方，结合湖岸自然地形，建设雨水净化湿地；

▷ 为了改变雨污水直接进入水体的现状，除了在慈城南部建设主干合流制管网的截污纳管外，在雨水管网的排水口处建设前置塘，通过对排入河道的雨污水的生态处理，减轻护城河水质污染的压力。

此外，充分利用慈城的公园绿地等，对部分有条件的绿地进行竖向改造，便于周围道路等其他场地雨水径流的进入，提高绿地雨水调蓄的能力，减缓初期雨水径流对河流的污染。通过在城区有条件的绿地内建设下沉式绿地、植草沟、多功能调蓄塘等设施，使得依托于城区绿地景观系统的各种低影响开发设施形成一个贯穿全城的雨水控制利用系统，对城区雨水径流进行源头 - 中途 - 末端的调控、净化和利用等（表 10-6）。

慈城古镇水生态保护与修复示范区 LID 设施一览表　　　　表 10-6

用地类型	应用措施
居住小区	下沉式绿地、生态树池、透水铺装
公共建筑	蓄水池、绿色屋顶
滨水缓冲带	前置塘、植被缓冲带、生态堤岸
道路	植草沟、透水铺装、下沉式绿地
水系、景观水体	湿塘、生态堤岸

（2）慈城新区综合提升示范区

A. 主要问题分析

慈城新区从 2004 年开始就进行了水敏感性城市设计，至目前已建成 2.87km² 的水敏感性城市区域。构建了由生态滤水带 - 河道 - 中心湖组成的城市水生态基础设施。该水生态系统既解决了新城的蓄洪排涝问题，使中心湖水体水质得到有效净化，又改善了城区整体生态环境，塑造了城水相伴的新型城市景观。经计算，慈城新区官山河以西区域在降雨量为 20.7mm 的情况下，可以做到将本汇水区域内的雨水径流全部消纳不外排，满足年雨水径流总量控制率 > 75% 的要求。虽然示范区部分区域采用了水敏感性城市设计理念，但由于官山河以东还在规划建设过程中，其从整个慈城新区来看，新区雨水控制目前尚未达到该示范区年径流总量控制率82%的控制目标。此外，慈城新区水敏感性城市综合提升示范区还存在着生态滤水带建设不足、雨水管网淤塞、设施维护管理不善、中心湖水质变差等一系列水环境问题，亟须海绵城市建设。

B. 主要技术方案（图10-9，图10-10）

在慈城新区的已建成区域，因其进行海绵城市建设改造难度较大，所以在建成区主要以雨水径流总量控制和雨水资源化利用为主，结合有条件的地方对其进行局部低影响开发改造。

慈城新区的在建区域和待建区域，海绵城市建设条件较好。应结合宁波市节水城市建设及绿色建筑的推广，对部分条件适宜的居住建筑进行绿色屋顶建设，并利用雨落管断接技术将屋顶雨水引入建筑周边的下沉式绿地内就地消纳；由于公共建筑屋顶面积较大，宜采用绿色屋顶、蓄水池等措施，通过对雨水的源头收集利用，提升雨水资源化利用率；对河流、湖岸等滨水地带的改造宜采用植被缓冲带、生态堤岸等措施，以恢复水面生态岸线为主；结合道路附属绿地，进行绿地的竖向改造，使其高程低于周边路面高程，同时，为便于道路雨水进入绿地，结合原有路牙设计豁口（表10-7）。

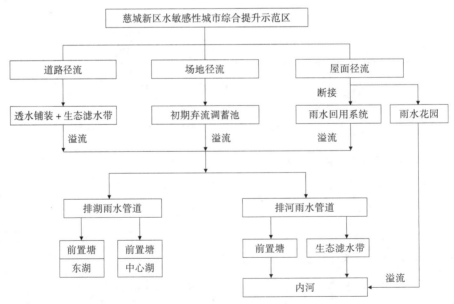

图10-9 慈城新区水敏感性城市综合提升示范区技术路线图

（图片来源：吴文洪绘制）

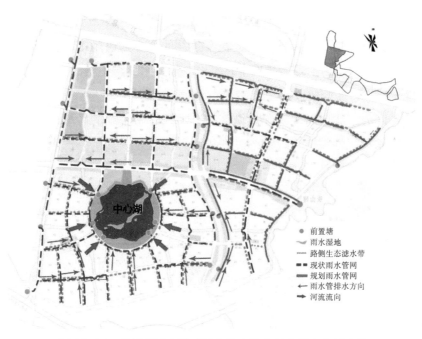

图 10-10　慈城新区水敏感城市综合提升示范区方案示意图

（图片来源：吴文洪、于迪绘制）

慈城新区水敏感城市综合提升示范区 LID 设施一览表	表 10-7
用地类型	应用措施
居住小区	绿色屋顶、下沉式绿地、高位花坛、生态树池、透水铺装
公共建筑	蓄水池、绿色屋顶
滨水缓冲带	植被缓冲带、生物滞留设施、生态堤岸
道路	植草沟、透水铺装、下沉式绿地
水系、景观水体	湿塘、生态堤岸

①建筑小区雨水滞蓄控污系统完善

居住小区绿地率较高，海绵城市建设条件好，且由于建筑小区是城市雨水径流的源头，水质污染较轻，便于雨水的收集回用。可结合小区建筑、公共绿地、宅旁绿地及景观水体等，构建包括绿色屋顶、下沉式绿地、植草花园、生态草沟、雨水调蓄塘等设施在内的城市雨水源头滞蓄控污系统。应结合小区公建等有条件的建筑屋面进行绿色屋顶建设。

②河道岸线滨水湿地景观提升

加强慈城新区河道、湖面景观水体的综合治理，采用生态堤岸、湿塘等措施，以控制雨水径流污染为主,进行雨水的调蓄、净化和下渗。在中心湖、东湖、河道等雨水管网排水口处设置前置塘,在有条件的地方建设雨水净化湿地,加强对雨水径流悬浮物的生物削减。建设生态驳岸,加强水体与土壤的交渗。

③生态滤水带提升改造

慈城新区为宁波市新开发建设城区,在围绕着中心湖的区域内,城市的开发建设采用了水敏感性城市设计理念,在道路两旁通过设置生态滤水带,将道路雨水径流通过下沉式绿地溢流的方式进入雨水管道,并最终汇入新区的中心湖,达到了区域雨水径流总量控制的目的。但目前,由于雨水管道的淤塞,部分道路的生态滤水带不能正常使用。同时,由于其他原因,使新区其他建设区域的市政道路不能完全按照水敏感性城市设计的理念进行施工设计,导致了雨水资源的浪费。针对新区生态滤水带的现状问题,提出了具体的提升改造建议。

➤ 增强对已建生态滤水带的维护,清理被淤塞的雨水管线。

➤ 对于慈城新区其他还未开发建设的区域,须加强其市政道路两侧生态滤水带的建设,并提出相应的指标要求。

(3)水土涵养与水土保持示范区

A. 主要问题分析

该区域内山体、水域面积大,城市开发建设片区较小,相较其他区域生态资源优势明显。但随着该区域近年来的城市开发建设强度不断增大,其区域山洪、水土流失等一系列水环境问题不断加剧。在山洪方面的问题主要是由于狮子山紧邻城市开发建设区,中间缺少缓冲地带,因此这一片区极易受到山洪的威胁;同时,由于乱砍滥伐现象,城市建设区域周围山体植物群落稳定性欠佳,植被的稀疏不利于水土保持,极易造成山体滑坡,危及城市安全。

B. 主要技术方案

水源涵养与水土保持示范区以涵养地下水、恢复生态岸线和防治山洪为主要目标,对场地雨水径流进行从源头至终端的控制策略,有利于示范区恢复和保持生态稳定性。由于在示范区内,存在大面积的水库,是城市生活用水的来源,因此本区的海绵城市建设主要依靠围绕山体的水域,通过在山体设置鱼鳞坑;在山脚与水域之间的防护绿地内设置植被缓冲带等设施,在缓解雨水径流对山体冲刷的同时,还能起到水源涵养的作用。并通过对山体的植被修复,依据山势设置截洪沟,防止山洪暴发及泥石流、山石滑坡的形成。为保护水源,应恢复部分硬化河岸的自然形态,并结合河岸整治设置植被缓冲带,防止雨水径流直接排入自然水体。其示范区海绵城市建设技术路线主要涉及以下内容(图10-11,图10-12)。

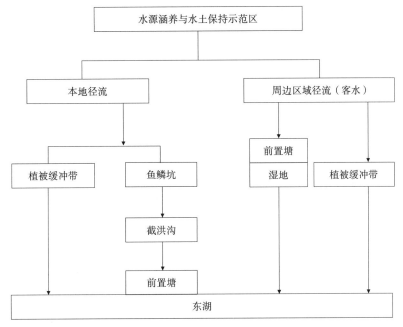

图 10-11 水源涵养与水土保持示范区技术路线图

（图片来源：吴文洪绘制）

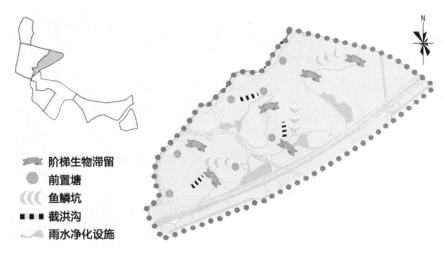

图 10-12 水源涵养与山洪防治示范区方案示意图

（图片来源：于迪、里昂绘制）

①植被保育涵养水源（表 10-8）

➤ 禁止当地居民进入山体砍伐树木，加强防火宣传；

➤ 严格控制山体开发强度，保证植被的自然生态状况，使干扰最小化。

水源涵养与山洪防治示范区设施一览表   表 10-8

用地类型	应用设施
山体	鱼鳞坑、拦蓄坝、截洪沟、生物滞留设施、植被修复
浅滩、湿地	前置塘、湿塘

②东湖防洪控污综合提升

➤ 在东湖西岸建设一定宽度的植被缓冲带，减少沿湖道路雨水径流对东湖水质的影响；

➤ 在东湖雨水径流汇流处设置前置塘或雨水湿地，加强对进入东湖水体雨水径流的水质净化，减少水中泥沙含量。

③山体水土流失防控

➤ 对示范区内山体林木进行良好的保育，增强区域整体的生态稳定性；

➤ 随着山势，因地制宜的设置鱼鳞坑、小型雨水塘及拦蓄坝等设施，防止雨水径流对山体的冲刷，增加山体涵养水源的能力；

➤ 沿着山势建设排水沟渠、截洪沟等设施，对山体雨水径流进行拦截和导流，有效防止雨水径流携带大量泥沙进入水体，或导致泥石流、滑坡；

➤ 对于极易发生水土流失的山体，应采取相应的雨水拦截措施，如边坡防护网；

➤ 对东湖内的浅滩、湿地进行保护，加强对其生态岸线的恢复。

（4）城乡接合部径流面源污染防控示范区

A. 主要问题分析

该区域位于城乡接合处，处于宁波城市中心区的上游，南部毗邻宁波河流主干道余姚江，并且多条河流水道从这个区域蜿蜒穿过，最终都汇入余姚江。因此，该区域的水环境问题的好坏直接影响到下游甬江的水质优劣和城市景观形象。

该区域处于城市外围区域，用地开发建设力度较小，存在有大面积的农田，农业面源污染较为严重。示范区内村庄较多，人为活动频繁，农业生产活动致使该区域道路路面灰尘、油类、重金属污染较为严重，而区域内路随河走的江南水乡格局又使得路面污染物易被雨水径流冲刷进入河流水体。此外，由于靠近宁波市区，城乡接合部是宁波市的蔬菜、蛋肉等生活产品的主要供应地之一，其养殖业和种植业是其主要经济活动之一，这些人类活动又不可避免地对当地的水环境造成一定的影响。其中养殖业成为该区域水体污染的主要原因之一，养殖业区所产生的动物粪便随意堆放，不加处理，有些甚至直接排入河流之中，严重影响了下游城区的用水安全。

B. 主要技术方案

城乡接合部径流面源污染防控示范区以控制农业、养殖业径流面源污染、提升区域水环境为主要控制目标。运用生态排水沟进行径流面源污染过流净化，滨水植被缓冲带进行雨水径流截污净化，滨水湿地进行集中截污净化（图 10-13）。

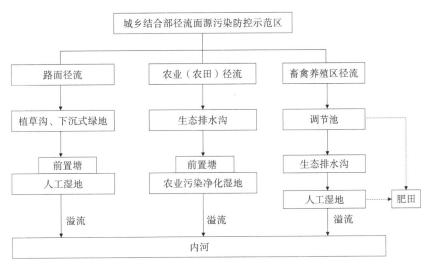

图 10-13 城乡结合径流面源污染防控示范区技术路线图
（图片来源：吴文洪绘制）

示范区径流面源污染主要来自道路径流、农业（农田）径流和畜禽养殖区径流。

①道路径流主要处理方式是建设植草沟、生物滞留设施等低影响开发设施，路面径流进入生物滞留设施中进行下渗、净化，然后通过植草沟汇到雨水湿地中。

②由于农田在示范区内分布范围较大，农业面源污染较为严重，因此在农田和河道之间通过建设生态排水沟或改造原有的排水沟、渠使得雨水径流经过一系列沉淀、生物降解等处理后再排入河道。对于农田本身，主要采用拦截阻断技术进行雨水的原位控制、净化，采取的设施主要包括生态拦截沟渠、生态护岸边坡、生态田埂，在田埂两侧种植植物，形成生物隔离带。

③畜禽养殖区对水体水环境影响比较大，但畜禽粪便同时也是农田很好的有机肥来源，因此对于畜禽养殖区雨水径流的处理方式是首先满足农业生产需求。将畜禽养殖区的雨水径流引入雨水调节池，经过调节池初步沉淀后，再通过排水沟、渠进入雨水湿地进行水质净化，处理后达到排放标准的废水可以排入水系。调节池内的沉积物定期清掏处理后，引入农田进行增肥。这样既可以在控制雨水径流面源污染的同时，又可以为农田作物提供肥料。

根据城乡接合部径流面源污染防控示范区的问题分析和技术方案，该示范区优先选用生态排水沟、植草沟、下沉式绿地、调蓄池、农业污染净化湿地等具有农业面源污染净化特征的低影响开发设施（图10-14）。

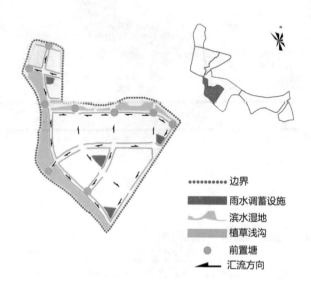

图 10-14　城乡接合部径流面源污染防控示范区方案示意图

（图片来源：仝贺绘制）

（5）新区海绵城市综合示范区

A. 主要问题分析

姚江新区是宁波市重点建设区域，区域内有奥体中心等重要公建项目。新区以低影响开发设计理念进行城市用地的开发建设，以涵养地下水源为主要控制目标，通过低影响开发设施的总体布局，构建一整套源头 - 中途 - 末端雨水调蓄控制利用系统，将姚江新区建设成为宁波市未来海绵城市建设综合示范区。由于该区域大部分还处于未开发建设状态，市政设施配套不足，现状雨水管网较少。因此，未来示范区的海绵城市建设各项措施可结合新区控制性详细规划、排水（雨水）专项规划等进行落实，并结合新区建设对该区域现状雨水管网进行提标改造。由于新区河网密集，雨水管网采用的是直排式，这使得区域河流水质污染严重。

B. 主要技术方案

新区海绵城市综合示范区可以结合区域自身条件，根据河网密布，道路交错的现状，在非主要道路两侧绿地内建设有排水能力的植草沟，代替城市部分道路的雨水管网系统，并在植草沟接入河道处设置雨水塘或小型的雨水湿地，对道路雨水径流进行末端净化。当道路距离河流较远时，可就近利用城市公园绿地或街头绿地，使其竖向高程低于周围场地，并将道路两侧的植草沟接入绿地，进而作为城区雨水调蓄塘，防止因距离河道较远，植草沟不能及时排除雨水径流而造成道路产生积水现象（表 10-9）。

新区海绵城市综合示范区 LID 设施一览表		表 10-9
用地类型	应用设施	
居住区	透水铺装、生态停车场、雨水桶、下沉式绿地	
公共建筑	绿色屋顶、植草沟、生物滞留设施、调蓄池	
滨水绿地	调节塘、生态驳岸、植被缓冲带	
体育用地	下沉式绿地、多功能调蓄设施	
道路	透水铺装、植草沟、生态树池、生物滞留设施	

而对于城市重要的道路，可以在道路两侧设置与雨水管网相结合的下沉式绿地、植草沟，先让道路雨水径流进入植草沟等设施，然后通过溢流的方式进入城市雨水管道，最后排入河道。而对于建筑小区等场地的雨水控制，可采用雨水原位控制策略，其不能完全消纳的雨水径流先经过生物滞留设施后，再溢流进入雨水管网。在公共建筑场地内，可结合有条件的屋面设置绿色屋顶、雨水调蓄池等设施，对雨水进行资源化利用（图 10-15，图 10-16）。

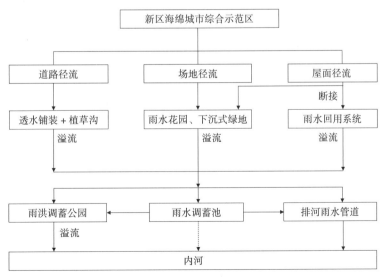

图 10-15　新区海绵城市综合示范区技术路线图

（图片来源：吴文洪绘制）

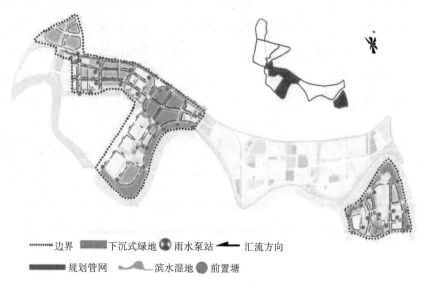

边界 ▒下沉式绿地 ⬤雨水泵站 ◀━汇流方向

▬▬▬规划管网 ～滨水湿地 ⬤前置塘

图 10-16　新区海绵城市综合示范区方案示意图

（图片来源：仝贺绘制）

①道路源头径流污染控制

▷　在道路两侧绿地、机非隔离带建设下沉式绿地；

▷　路牙在产生积水处设计缺口，保证路面雨水径流进入下沉式绿地；

▷　在人行道建设透水铺装。

②绿色建筑雨水综合利用

▷　建设雨水罐、调蓄池以及配套设施等雨水资源回用系统；

▷　完善雨水资源回用设施的消毒、运营、维修的管理机制。

③超标雨水系统构建

▷　疏浚示范区内河作为雨水行泄通道，对城区水系进行疏浚，增强水系的调
蓄与排涝功能；

▷　对示范区有条件的地方进行围堰；

▷　将部分待建广场改建为具有调蓄功能的多功能调蓄设施。

④河道岸线雨水塘 - 湿地生态景观

▷　在排水口处建设前置塘、湿地等净化调蓄设施；

▷　在末端水体种植生态浮床对水体进行净化；

▷　恢复和保护自然生态岸线，对部分硬化驳岸进行生态化改造；

▷　对需要改造的河道，需保留一定宽度的岸线建设植被缓冲带。

（6）老城区内涝防治综合示范区

A. 主要问题分析

老城区内涝防治综合示范区由谢家地块、天水家园两部分组成，面积为 7.73km²。老旧城区建筑密度大，硬化面积高，绿化面积占比小，内涝风险大。而且，由于区域建设用地大部分都已完成建设，海绵城市建设改造难度大。老城区是城市自发建设形成的，缺少整体规划，其区域内雨水管道错综复杂，雨污水合流制排放，以上市政设施的自身因素再加上老城区建筑密集，下垫面硬化强度高等原因，在城市热岛效应的影响下，易发生严重的城市内涝。另外，老城区道路雨水径流的污染物含量高，且雨水管网的排水体制又是直排式，这对老城区河流水质产生严重的影响。老城内棚户区占有很大的比例，棚户区内市政设施匮乏，雨水内涝、水质污染等水环境问题严重，亟须整治，可结合宁波市老城区棚户区改造工程进行老城区的海绵城市建设。

B. 主要技术方案

老城区内涝防治综合示范区以雨水径流总量控制、雨水径流污染控制为主要控制目标。通过在有绿化条件的道路设置下沉式绿地，并做好绿地与道路路面之间的竖向高程衔接，使道路雨水径流易进入路旁下沉式绿地，经过下沉式绿地初步净化后再经植草沟最终进入排河雨水管道。而居住小区的场地雨水径流主要依靠雨水原位控制系统进行雨水的控制利用。利用绿色屋顶、雨水桶等设施使屋面雨水径流在经过初期雨水截留净化的条件下得到回收利用。居住区其他下垫面产生的雨水径流在经过雨水花园、下沉式绿地、渗透铺装、渗井等设施的调蓄渗透后，再经过生物滞留带净化后以溢流的方式进入排河雨水管道。由于老城区绿地较少，其进行海绵城市改造受限，为最终解决老城区雨水内涝的问题，可根据各地块雨水控制目标要求，结合场地现状条件，建设一部分雨水调蓄池。同时对部分地区的雨水管网进行提标改造，在雨水内涝特别严重的地区如下凹桥区，可增建排水泵站或设置单独的雨水调蓄池（图 10-17，图 10-18，表 10-10）。

①棚户区源头径流污染控制

▷　结合棚户区改造，建设源头低影响开发雨水控制系统；

▷　增加绿色屋顶面积；

▷　提高小区内景观水体的雨水净化能力；

▷　人行道和非机动车道进行渗透性铺装改造，露天停车场改造为生态停车场；

▷　通过雨落管断接将建筑屋顶雨水汇入周边下沉式绿地，就地消纳，减少雨水径流外排量；

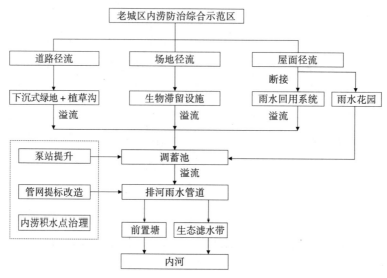

图 10-17　老城区内涝防治综合示范区技术路线图

（图片来源：吴文洪绘制）

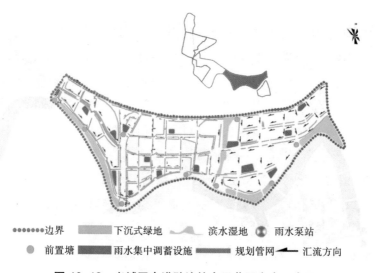

●●●●●●边界 ▨下沉式绿地 ～滨水湿地 ◉雨水泵站

● 前置塘 ▨雨水集中调蓄设施 ═══规划管网 ◀━汇流方向

图 10-18　老城区内涝防治综合示范区方案示意图

（图片来源：全贺绘制）

老城区内涝防治综合示范区 LID 设施一览表 表 10-10

用地类型	应用设施
居住区	绿色屋顶、雨水花园、雨水桶、生态停车场、透水铺装
滨河带	生态驳岸、植被缓冲带、生物滞留设施、雨水湿地
公园绿地	下沉式绿地、多功能调蓄公园、调蓄池
道路	植草沟、生物滞留带、生态树池

> ▷　公园或街头绿地改造为下沉式雨水调蓄公园，消纳自身及周边场地雨水径流。

②老旧小区 LID 有机改造

> ▷　对居住区内有条件的行道树可改造成生态树池；
>
> ▷　结合地形地貌，对小区内原有绿地进行竖向改造，增加其下沉式绿地率；
>
> ▷　可将居住区内景观步道改造成透水铺装。

③末端排水口雨水塘 – 湿地截污净化

> ▷　在合流制雨水主干管网中建设截污纳管，对初期雨水进行截留净化；
>
> ▷　在雨水排水口处建设前置塘、湿地等雨水净化调蓄设施；
>
> ▷　老城区现状雨水管网少且规模偏低，不能满足城区雨水排放要求，因此对雨水管网进行提标改造，并在管网末端设置旋流沉砂池等末端截污设施；
>
> ▷　在末端受纳河流中建设生态河床对水体进行净化；
>
> ▷　对驳岸老化破败的河道进行整体提升改造，并在有条件的河段建设植被缓冲带。

④内涝积水点蓄排综合治理

> ▷　对部分雨水管网进行提标改造，并在积水点周围区域设置雨水调蓄池；
>
> ▷　建设雨水泵站，完善老城区雨水强排系统；
>
> ▷　对老城区雨水管网进行清淤、维护；
>
> ▷　对有条件改造的绿地改造成具有调蓄功能的下沉式绿地或调蓄设施。

10.4.4　技术措施选择

宁波市地处我国江南水乡，地下水位较高，土壤类型为淤泥质黏土，该类型土壤含水率高、土壤下渗率。因此，在选择技术措施时，应结合措施的功能确定其在宁波应用时需做出适当的改良。

在雨水渗透技术中为保证土壤的渗透率，改良的土壤，必须保证淤泥质黏土含量不应超过 10%，在土工布内设置 40% 的砾石，以渗透过量的雨水。雨水花园、下沉式绿地、植草沟边坡宜控制为 30% ～ 35% 左右，以防坍塌和保持设施的结构稳定以及减少设施维护难度。可在宁波市应用的渗透技术包括透水铺装、绿色屋顶、生物滞留设施、下沉式绿地。在淤泥质黏土地区使用上述技术措施时，可进行土壤改良：

①将种植土层更换为适宜排水和生长的工程土；或者在场地表层的铺上 6 ～ 7cm 的堆肥进行改良。

②工程土一般是壤土、砂子、堆肥的混合，其配比要根据植物选择和水文特

性的需求确定。

③应以地表下半米左右处的土壤渗透率作为当地土壤渗透率的实际标准。

④在土壤中混入堆肥以增强渗透性，并可降低水中的阳离子和有毒物质浓度。但要注意易造成水中的营养物浓度超标，配合种植直根系的本地植物也能增强渗透性。

⑤在设计、建造及后期维护阶段要注意保护土壤，防止土壤污染。

非渗透技术推荐选择绿色屋顶、雨水收集利用、植被过滤带、砂滤器及人工湿地，其中人工湿地作为最推荐的非渗透技术，建议设置前置塘，起到分流及过滤、沉淀污染物的作用。

从污染控制、水量控制及雨水资源回收利用三个方面进行了适应性研究的分析，针对宁波市海绵城市建设的综合技术措施选用，海绵城市推荐设施如下表10-11所示。

宁波海绵城市建设推荐设施　　　　　　　　　　　　　　表 10-11

建议	技术措施
重点推荐	垂直潜流雨水湿地、下沉式绿地（狭义）、生物滞留设施、植被缓冲带、植草沟、雨水罐、初期雨水弃流设施、蓄水池
一般推荐	透水砖铺装、透水水泥混凝土、透水沥青混凝土、土壤渗滤系统
不宜采用	渗透塘、渗井、渗管 / 渠

第11章 微观尺度案例：场地绿色雨水基础设施案例

场地尺度是建设和实施绿色雨水基础设施的"主阵地"，也是检验绿色雨水基础设施能否实现其综合目标、能否赢得老百姓喜爱的关键一环。第11章精选了国内近几年涌现出的较优秀的绿色雨水基础设施案例，展现了在不同规模、不同雨水控制利用目标、不同地域条件下，城市绿色雨水基础设施的创新设计。

11.1 河北香河幸福公园

项目名称：香河幸福公园 [1]

项目位置：河北香河蒋辛屯镇

项目面积：8.5hm^2，其中南区 4.7hm^2

设计单位：阿普贝思（北京）建筑景观设计咨询有限公司

11.1.1 现状基本情况

（1）项目概况

本项目是华夏幸福基业开发的香河新城休闲公园，基地位于廊坊市香河县蒋辛屯镇，蒋北路、经一路和规划路围合的区域内。

公园占地面积 8.5hm^2（约 127 亩），其中一期暨南区 4.7hm^2 已经建成；东侧为规划商业及孔雀城居住区，南临学校。公园结构为一环六区多节点，运用环形跑道串联多维度的体验空间，致力于营造全龄适用的场所目的地。实行低影响开发策略，融入生态雨水系统，对现状季节性河道进行合理改造；充分运用低维护植物，设置聚焦视觉的景观标识，多层面地打造香河区域具有生态生活示范性的宜居公园（图 11-1）。

（2）气象与水文地质条件

香河全县多年平均降雨量为 639.7mm，降雨年内分配不均，主要集中在夏季。

---

① 本案例由阿普贝思总裁邹裕波，项目负责人刘砾莎提供，文字由杨珂改编。

多年平均蒸发量为1779mm，蒸发年内变化趋势为春夏最多，秋冬较少。项目所在区域地势平坦，场地平整，土质为潮褐土亚类。

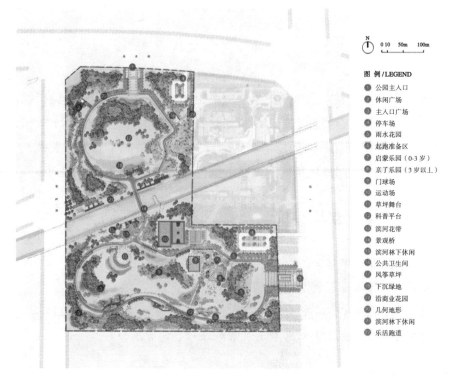

图例/LEGEND

① 公园主入口
② 休闲广场
③ 主入口广场
④ 停车场
⑤ 雨水花园
⑥ 起跑准备区
⑦ 启蒙乐园（0-3岁）
⑧ 亲子乐园（3岁以上）
⑨ 门球场
⑩ 运动场
⑪ 草坪舞台
⑫ 科普平台
⑬ 滨河花带
⑭ 景观桥
⑮ 滨河林下休闲
⑯ 公共卫生间
⑰ 风筝草坪
⑱ 下沉绿地
⑲ 沿商业花园
⑳ 几何地形
㉑ 滨河林下休闲
㉒ 乐活跑道

图 11-1 香河幸福公园总平面图

11.1.2 海绵城市设计目标与原则

（1）遵循海绵城市建设的理念，加强径流总量的控制，保证开发之后尽量接近自然状态下的水文循环。

（2）在低碳生态的理念指导下，通过绿色雨水基础设施净化雨水水质，削减污染，在一定程度上补充园林绿化用水，未来随着周边市政道路、大运河孔雀城居住区、商业的开发，考虑部分客水至公园内进行缓释与消纳。

（3）在低影响开发设计过程中，通过雨径、色彩、新材料、新植物等多重景观化的要素方式，以可观赏、可感知、可参与的方式落地海绵城市项目的建设。

11.1.3 海绵城市建设工程设计

（1）总体方案设计

基地内将多种绿色雨水基础设施与具有参与感的功能块结合，如全龄游乐场、综合运动场、下沉自然剧场、滨水观览平台等，形成了完整有意义的低影响开发雨水系统（图 11-2、图 11-3）。

图 11-2　公园内部实景

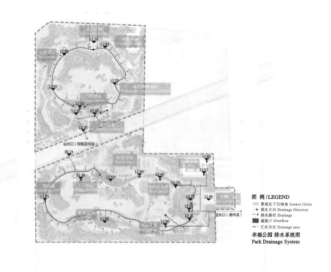

图 11-3　公园排水系统分析

活力跑道一侧的连续性生态草沟，承接主入口广场的特色铺装的雨水导流，有序连通多个下沉式绿地、雨水花园和旱溪。除了低洼处的五处溢流口，公园里几乎未设任何排水管道，充分体现对雨水的自然下渗和收纳，减少了刚性排水管道的建设成本。

根据廊坊市暴雨强度公式，参考通州海绵城市专项规划85%径流总量控制率，即设计降雨量为33.6mm，相当于廊坊当地0.5年一遇120min降雨量。全园以季节性河流为界，分为南北两个汇水分区。

南北区场地面积分别为4.7hm²、3.3hm²，将场地分为建筑物、嵌草停车场、球场、路面、绿地及其他不透水区域，通过加权平均法计算出南区综合径流系数为0.34，北区综合径流系数为0.29。根据项目设计目标计算得出南区场地设计径流控制量为529.2m³，北区场地设计径流控制量为318.4m³。考虑实际施工及工程技术问题和采取安全系数1.1，故南区设计径流控制量为582.12m³，北区设计径流控制量为350.24m³。

南区生态草沟面积为1712.25m²，平均蓄水深度为0.2m，其有效径流控制量为342.45m³；雨水花园面积为828.36m²，平均蓄水深度为0.29m，其有效径流控制量为242.96m³；下凹式滞洪绿地面积为145.3 m²，平均蓄水深度为0.15m，其有效径流控制量为21.80m³，南区合计能控制雨水607.21m³，可达到雨水控制的要求。北区生态草沟面积为541m²，平均蓄水深度为0.2m，其有效径流控制量为108.2m³；雨水花园面积为997.6m²，平均蓄水深度为0.2m，其有效径流控制量为199.52m³；下凹式绿地面积为309m²，平均蓄水深度为0.2m，其有效径流控制量为61.8m³，北区合计能控制雨水369.52m³，可达到雨水的控制要求。（注：在计算中将生态设施按照大类区分，未采用后文中不同的生态设施节点名字。）

（2）达标校核

为核算区域是否满足径流控制率要求，采用SWMM对场地进行建模，结果显示，在33.6mm降雨条件下场地雨水不外排，满足控制率要求。在对1年一遇的高频降雨进行模型模拟时可以看出，LID设施对径流量及径流峰值有明显削减效果（图11-4）。

在水质目标中年径流污染物控制率40%以上，根据植草沟、雨水花园等对径流污染的平均去除率为65%，可得到南、北区对年SS总量去除率达55%以上，满足控制目标。

（3）典型设施节点设计

生态植草沟全长共计1200m。由地被草种植、种植土、粗砂石、无纺布、碎

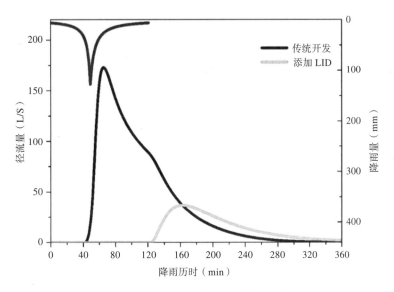

图 11-4　不同开发条件下径流量对比

石五层构造组成。地面以上分为两种形式，95% 为纯种植草沟，5% 在面层上放置景观石或挡水条石，可降低径流速度，减弱冲刷，同时增加视觉观赏点。生态植草沟经过园路、铺装时，可增设 PVC 管于面层以下，以保证雨水组织的连续性。

下凹绿地在做法分层上与草沟相似，在设计中注重坡度的舒缓，与自然地形起伏的呼应。其功能主要为雨水径流的收纳、净化、下渗和短暂续存，内部设置有连接市政管网的溢流管，植物主要种植有千屈菜、花叶芒、黄鸢尾等水旱两生的低维护且花期效果好的植物。

旱溪雨水花园位于公园南部，具有对雨水的转储、净化、滞渗、科教展示等综合功能。旱溪内的河滩石分成大中小三类粒径，分层而设，内外有团簇植物自然穿插，溪边有木制栈道平台随行，形成线性的"干河"游赏景观。雨水花园是全园最低势的地方，也是雨水路径汇流的集合之处。在设计中充分运用自然景观石、植物、下垫面的土壤介质，形成一处充满生态效能的景观节点。主入口广场上的导流铺装与绿地接壤，采用异形加工的花岗岩石材，结合硬质找坡，将雨水的排水路径变得清晰可见，在整体广场简洁铺装组合的基调上拟合成具有一定变化感的海绵元素（图 11-5）。

（4）海绵景观的参与性

本项目强调使用者对海绵景观的感知、参与和知识的获得。在雨水花园科普的平台节点上，将公园整体雨洪系统用通俗易懂的图文方式进行解说。在设计中优先考虑并创建了可供观景、拍照、休憩、感知的场地，可亲临触摸景观的结点细部。

图 11-5　旱溪雨水花园与主入口的广场

11.1.4　建成效果

（1）工程造价

本项目南区的投资超过 800 万元，景观工程的单方造价仅为 180 元 /m²，新建的绿色基础设施几乎不增加建设造价。相比于传统的排水系统，一期建设节省了数十万元的管道工程造价而用于特色景观的打造。

（2）建设效果

幸福公园的低影响，低造价，低维护的景观，与季相变化、民众参与性、跑步文化等要素，共同铸造了香北水岸生态健康的市民公园（图 11-6）。

图 11-6　建成后实景图

从设计经验来看，若要实现一个可持续性的建成环境，在数据达标的基础上，必须创造一个人们会珍惜且能与他们情感相通的场所。从基地施工开始，场地已经成为附近村镇居民喜闻乐见的去处。随着未来周边地块的开发，会有更多的使用者及家庭加入。另一方面，在该公园的建设过程中，业主与设计单位一起积极共同研讨幸福公园的落地的方方面面，也为未来二期公园的建设积累了丰富的实战经验。

11.2　浙江利欧产业园可持续性雨水管理

项目名称：浙江利欧产业园可持续性雨水管理 [1]

项目地址：浙江省温岭市东部新区利欧集团企业总部

项目面积：34hm²

项目设计公司：北京一方天地环境景观规划设计咨询有限公司

11.2.1　现状基本情况

（1）项目概况

利欧集团是浙江省温岭市东部新区的龙头企业，该产业园区是以水泵及相关产品的设计和生产制造为主的现代化产业园区，由生产、办公、生活三部分组成。本项目作为东部新区第一个可持续性的水管理示范景观，以水为纽带，将人的日常活动、休憩与可持续性水管理系统景观紧密结合，为企业员工打造出自然宜人而又丰富多彩的休憩活动场所，体现了利欧企业的生态价值观。

（2）气象与水文地质条件

温岭市地处浙江东南沿海台州湾以南，人均水资源量是全国人均的30%，全省人均水资源占33%，属水资源严重短缺地区。降水量年际变化较大，且年内分配不均匀。多年平均降水量1709.8 mm，灾害性天气主要为干旱和洪涝，夏季受台风影响较大。东部新区属于围海造田区域，场地由塘渣填埋形成，土壤透水性非常强。

（3）场地条件（用地类型与地下空间、竖向与管网分析）

基地位于东部新区城建区内，属于二类工业用地，基地东西向长950 m，南北向宽340 ~ 395 m，面积34hm²。基地内地势北高南低，西高东低，东南角为地势

---

① 本案例由北京一方天地环境景观规划设计咨询有限公司栾博、邵文威提供，文字由杨珂改编。

最低点，适宜作为园区雨水汇集的最终地点。

11.2.2　问题与需求分析

场地内建筑密集，硬质比例较大。园区内建筑屋面和道路总径流汇水面积达总用地面积 85%，其中厂房区、研发楼及大农生活区地面以硬质场地为主，生活区地面以绿地为主，需要根据功能分区及建筑周边绿地滞水能力的不同划分汇水分区，设计汇水路径。

园区景观的服务人群为 2000 多名企业职工，景观设计需满足员工的日常户外休闲需求，并承担宣传展示企业文化的功能，为企业员工打造出自然宜人、丰富多彩的娱乐休憩的活动场所。

11.2.3　海绵城市设计目标与原则

（1）海绵城市设计目标

➤　年径流总量控制率高于 80%；

➤　有效减少雨水径流中污染物；

➤　提高生物多样性，建立良好的生境；

➤　为使用者提供优质的户外休闲空间。

（2）海绵城市设计原则

➤　因地制宜，渗、滞、蓄、净、用、排有机结合；

➤　低影响开发，水文干扰的最小化；

➤　兼顾空间品质，发挥综合价值。

11.2.4　海绵城市建设工程设计

（1）设计流程

根据水量及水质控制目标，确定以植被浅沟、雨水花园、梯级湿地净化池及雨水塘为主的设施布局方案。流程如图 11-7 所示。

其中，植被浅沟收集屋顶、道路及停车场径流，经过雨水花园及梯级净化池净化、调蓄后，汇入雨水塘，用于景观及灌溉回用，多余水量通过市政管网汇入城市河流。

（2）设计降雨

年径流总量控制率高于 80%，对应设计降雨量为 38.5mm。

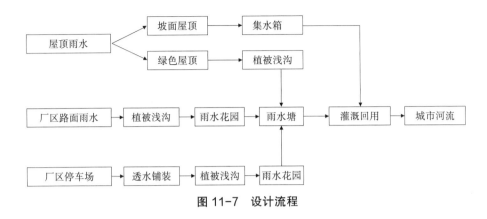

图 11-7　设计流程

（3）总体方案设计

基地整体地势西高东低，依竖向关系及汇水路径分为两大汇水分区（图 11-8）。分区 I 雨水径流主要产生自厂房区屋顶及道路路面，汇水面积 27.7hm²。分区 II 收集生活区绿色屋顶及道路的雨水，汇水面积 6.3hm²。雨水经过一系列收集、传输系统——砾石调蓄池、植草沟、雨水花园及地下输水管，向地势最低点的东南方向汇流，进入园区内最大的水体景观池塘，作为园区的景观、植物灌溉、生产用水（图 11-9）。

I 区：厂房屋面虹吸式排水及地面径流进入植草沟系统，输入雨水花园，在输送途中经过一系列下渗、净化过程后，进入景观水系和景观池塘。

II 区：办公及宿舍楼屋面雨水通过屋顶绿化进入下沉庭院砾石输水槽及植草沟，由水泵提升输送进带型梯级净化湿地进行净化，而后进入东部带状景观水系，最终汇聚到末端景观池塘。

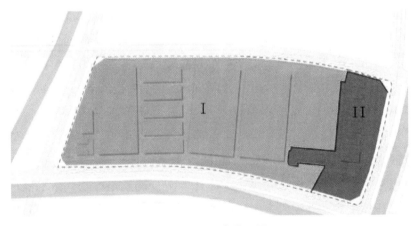

图 11-8　汇水分区图

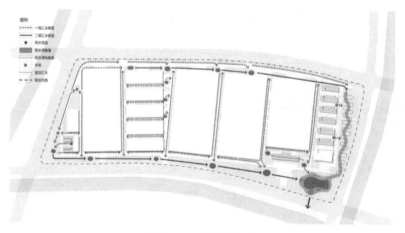

图 11-9　总体流程图

为保障水质，景观池塘的水经水泵提升后送回梯级净化湿地再次净化，依靠重力自流进景观水系回到景观水塘，形成循环水系。

为减小土方工程，本设计将厂区内现状池塘重新整合设计，并在各个景观节点及周边处结合现状地形设置了一些场地供职工赏景、游憩，各节点尽量利用现状地形，无大量土方变动。为了增加雨水管理系统的综合价值，我们进行了一系列尝试：如将水泵产品装置艺术化，成为园区内的雕塑；将雨水提升和循环设备纳入标识系统，展示企业的高科技产品，将企业文化充分融入园区的生态休憩景观中。

在整体水管理系统中，雨水经过一系列收集、传输、容纳设施，模拟自然水循环系统的蒸发、下渗、溢流、净化作用，通过景观设计将人的休闲活动与水管理系统巧妙结合，提高雨水管理的综合价值。

（4）分区详细设计

分区 I 的雨水首先由连接建筑雨落管的小型砾石调蓄池缓冲区，通过砾石沟及沟下埋设的排水管，汇入子汇水分区的生物滞留池，经滞留池调蓄、净化后，溢流水量就近汇入南北两侧东西向带状绿地内，流经一系列由植草沟和地下排水管串联起来的生物滞留池（雨水花园），多级调蓄、净化后最终进入厂区东南角的雨水滞留塘（图 11-10）。

分区 II 的雨水经绿色屋顶一定程度的净化及吸纳作用后，通过小型砾石调蓄池及砾石输水沟汇入主干道西侧的带状植草沟。通过水泵提升疏导至道路另一侧的梯级净化池中。池中种植生物量大、净化能力强的湿地植物，雨水经过层级净化后，进入东侧带状水系，汇入东南角的雨水滞留塘。在超过设计降雨量的情况下，溢流水通过溢水口排入市政排水管（图 11-11）。

图 11-10 Ⅰ区排水方式

图 11-11 Ⅱ区排水方式

（5）径流控制量规模计算

区域的雨水调蓄设施主要包含雨水花园、调蓄池和雨水塘，根据各调蓄设施规模和调蓄深度，计算得到总调蓄容积，参照下式计算得到区域的设计降雨量为43.1mm，对应年径流总量控制率达到82%，满足年径流总量控制率大于80%的目标（表11-1）。

$$V=10H\varphi F$$

式中：V 为设计调蓄容积，m^3；H 为设计降雨量，mm；φ 为综合雨量径流系数；F 为汇水面积，hm^2。

（6）典型设施节点设计

梯级净化湿地：由净化池、毛石挡墙过水堰和湿地种植组成。梯级表流净化湿地以天然毛石挡墙为池壁，池底及侧面设有防渗措施，种植土厚300mm，其上铺

年径流总量控制率计算表   表 11-1

汇水分区	硬化面积	透水铺装	绿化面积	屋顶面积	水面面积	总面积	综合径流系数	雨水花园调蓄容积	蓄水池调蓄容积	雨水塘调蓄容积	设计降雨量
	m²	m²	m²	m²	m²	m²		m³	m³	m³	mm
I 区	61288	10012	34686	171332	0	277318	0.72	1468	0	0	
II 区	14145	17457	18437	9268	3891	63063	0.53	351	937	7329	43.1
合计	75433	27469	53123	180600	3891	340381	0.69	1819	937	7329	

设 100mm 厚直径 50 ~ 80mm 砾石层，其间利用高差设置多级石堰跌水曝氧。湿地内种植再力花、千屈菜、水葱、黄花鸢尾等净化效果明显的湿地植物，并引入鱼类等水生生物。为了使用者近距离感受水净化过程，池壁兼具步行道路功能，水堰亦是汀步。人们可以在湿地间欣赏水生植物和水中鱼群，将人的休闲活动与雨水管理系统相互结合。

景观池塘：厂区内末端汇水水体即"景观池塘"是整个园区内最大的汇水水面（0.5hm²），园区内雨水经过层级净化后，水质稳定。因各月份的降雨量、蒸发量不同，景观池塘的水位是变化的。设计结合亲水栈道、平台和入水台阶，通过软硬岸线的区别布置，结合亲水植物和挺水植物层次搭配，形成不同的岸线功能和景观体验。软质池塘驳岸采取自然缓坡入水方式，岸边散置天然块石，依据水深的不同配置兼具景观与净化功能的植物；硬质驳岸为台阶入水方式，可适应池塘不同季节水位变化，并提供亲水活动场所（图 11-12）。

图 11-12　建成后实景

11.2.5 工程造价

整体工程造价为单价 300 元 /m²。

11.3 北京生态公园雨洪利用科技创新示范区 ——京林生态花园

项目名称：京林生态花园 ①

项目地址：北京市房山区良乡镇富庄村白阳西路南侧

项目面积：17900m²（一期用地）

项目设计公司：京林联合景观规划设计院

11.3.1 项目概况

城市生态公园雨洪利用科技创新示范区，位于北京市房山区良乡镇富庄村白阳西路南侧，用地性质为林地，建设周期为 2016 年 4 月至 7 月，为京林联合生态研发实践基地，占地面积为 17900m²（一期用地）。

11.3.2 项目建设内容

（1）项目规划建设目标

➤ 响应国家海绵城市建设的号召，将该示范区打造成为创新雨水花园示范项目，进而推动生态文明的建设。

➤ 随着科学文化的进步，行业间和行业内的交流融合成为必然趋势，因此将该示范区打造成一个平台，为多行业内部和行业间的技术文化交流提供空间载体。

➤ 借助自身园林资源优势，搭建中小学生科学实践教育活动平台，目前该示范区已经成为北京市中小学生课外实践基地，为中小学生提供多种教育资源。因此，项目主要是集休闲、生态、展览、科普、科研于一体。

（2）功能分区与交通流线

将场地划分为入口景观展示区、儿童活动区、低碳示范园区、新品种实验区、室外宣教区、中心景观区和雨水花园游憩区七个功能分区，并通过精品苗木展示带将各个功能分区进行串联，满足了多行业、多类群人们的需求，成为一个真正具有实用功能的生态雨洪利用科技示范区（图 11-13）。

---

① 本案例由京林联合景观规划设计院有限公司周浩提供，文字由杨珂改编。

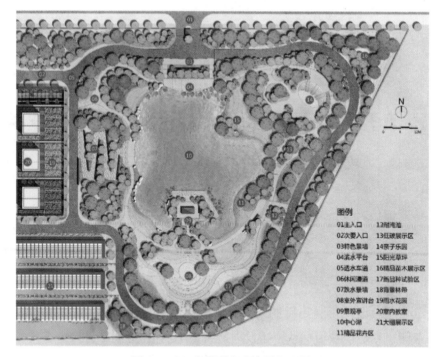

图 11-13　京林联合生态园平面图

（3）竖向设计与径流控制

场地径流组织方式如图 11-14 所示。

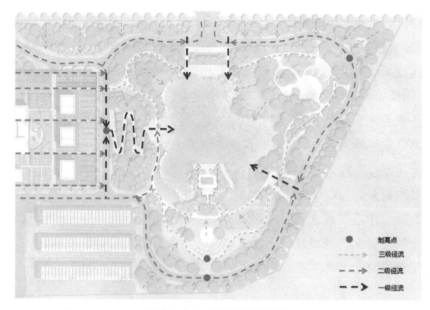

图 11-14　径流规划汇集图

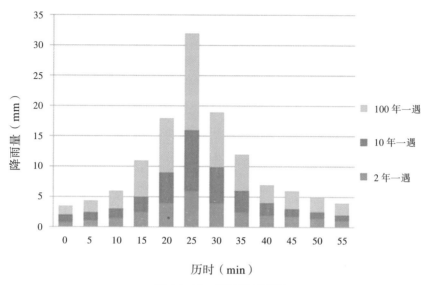

图 11-15　场地降雨情况

场地一期汇水面积：2090m²（包含 3000m² 大棚屋面），整体规划调蓄水量为 7500m³[多年平均降雨 606.2mm（1949-2012）]。一期建设常年规划调蓄水量为：3600m³，一期建设常年平均调蓄水量为：3209m³。十年一遇的调蓄水量为：465.02m³（降雨历时 60min），二十年一遇的调蓄水量为：527.70m³（降雨历时 60min），三十年一遇的调蓄水量为：564.34m³（降雨历时 60min），五十年一遇的调蓄水量为：610.57m³（降雨历时 60min）（图 11-15）。

（4）项目植物种植情况

场地内植物可以分为 11 个区：玉兰海棠园、入口景观种植区、彩叶园、耐淹植物实验区、耐阴植物园、新品种展示园、忍东园、草本园、芳香园、药草园、趣味植物园。

场地内植物种植可以分为两点：

1）园区内种植了大量的乡土植物材料，例如国槐、白蜡、流苏、文冠果、金银忍冬、天目琼花、锦鸡儿、麦李等。这些乡土植物适应性强，易种、易活、易管、抗旱、抗病虫害，费用较低，符合低成本、低维护的理念。

2）园区内大量采用低成本、低维护的新品种。例如像蓝杉、栎红元宝枫、美国红枫、北美红栎、紫霞黄栌、紫叶稠李、郁香忍冬等新品种，这些品种能够延长绿期、增添色彩，还具有抗逆性强、抗寒、耐旱、不易招病虫害等特点，能够很好地适应北京地区的气候条件（表 11-2）。

园区内植物种植情况 表 11-2

植物类别	种植植物名称
乔木	元宝枫、白蜡、金枝国槐、玉兰、紫叶稠李、西府海棠、流苏、文冠果、金银忍东、白皮松、蓝杉、栎红元宝枫、美国红枫、北美红桥、美洲紫椴、金叶丝棉木、美国黄栌、长叶丝棉木、龙柱碧桃、新品元宝枫
灌木	绣线菊、藤本月季、麦李、紫藤、天目琼花、暴马丁香、欧洲荚蒾、水荀子、锦鸡儿、丛生丝棉木、索格娜丁香、冷香玫瑰、蓝叶忍冬、卓越丁香、白雪果、黄瑞木、晚花丁香、蓝叶忍冬、长白忍冬
草本植物	东方狼尾草、小兔子狼尾草、披针叶苔草、青绿苔草、斑叶芒、悍芒、晚花丁香、白雪果、金酒吧芒、矮蒲苇、佛子茅、蓝羊茅、花叶芒、晨光芒、卡尔拂子茅、金叶苔草、细叶芒
水生植物	菖蒲、睡莲、花叶芦竹、香蒲、水葱、花叶芦竹、千屈菜、再力花、荷花、芦竹

11.3.3 技术措施及创新点

（1）雨洪管理

A.构建雨洪调蓄系统

首先，整个园区内采用了国内多项先进的低影响开发技术来构建雨水调蓄系统，实现了对雨水的调蓄和净化。例如，全园在道路两侧都设置了植草沟，引导径流进行过滤下渗。通过对雨水管网进行改造，实现屋面雨水的收集净化。在园区左侧建设旱溪矮墙，实现雨水利用的景观化。在园区坡度较大的地带，都设置了植被缓冲带，用于减缓雨水径流速度。在园区多个径流汇集处都设置了生物滞留池，用于雨水的下渗净化。同时在园区东侧设置了地下蓄水池，对于雨水进行储藏利用。最后在中心湖区建设湿地系统，用于雨水的净化处理。所有的这些措施，都很好地实现了目前国家建设海绵城市的六大核心理念：渗、滞、蓄、净、用、排（图 11-16）。

B.园区内透水铺装

园区道路采用了透水混凝土、蜂巢砾石和碎石路面三种透水性铺装，保证园区在 20 年一遇的暴雨强度下道路不会产生积水。此外园区内所有的材料都是本地的材料，均可以回收再利用。体现循环经济，低碳生态的理念。

（2）构建湖泊自净化系统

构建人工湖泊的自然净化系统，相比于传统的撒药净化处理方式，我们在示范区通过构建水下生态系统和食物链的方式：即生产者 - 消费者 - 分解者三者有机循环统一，来解决水体富营养化和提升水质、净化水体的要求，同时打造从水下到水上的生态演替的景观，为微生物、水生动物和鸟类提供适宜的生境，实现人工湖泊的自然生态修复。

（3）生态护坡技术

园区内滨水边坡采用蜂巢约束系统进行固坡，有效地减少了雨水对于边坡的冲刷，而且这套系统在施工过程中不使用一袋水泥、一根钢筋，填料为现场土源，不产生任何污染，节约雨水管线建设成本，将对环境的影响降低到最小。

11.3.4　建成后实景图及效益分析

（1）建成后效果分析

根据测算，2016 年 7 月 19 日 01 时至 7 月 20 日 23 时，场地调蓄雨水量为 1835.8m³，中心湖区水位上涨 1.2m，道路无积水，溢水口于 7 月 20 日 12 时开始运行，很好的滞留了大量雨水。

图 11-16　建成后实景图

同时中小学生开展了丰富的科普教育活动。如《林业小小测量学家》、《大自然的精灵种子》、《人工授粉》等。

（2）建成后的效益分析

A. 经济效益：

➤ 本项目营业收入一方面来源于精品容器苗木的终端销售收入；

➤ 第二方面来源于提供节庆会展等文创活动服务的收入；

> 第三方面是结合北京市教委设立的提供初中生开放性教学、社会大课堂和幼儿亲子科普三方面的综合收入。

B. 社会效益：

> 宣传推介新型生态城市发展理念；

> 活跃北京的会展创意文化消费市场；

> 拉动地区经济增长，促进就业；

> 丰富素质教育内容，提升精神文明水平。

C 环境效益：

基地在建设初期就考虑节能环保要素，项目运行过程中无其他废气废水等排放，低碳环保。项目园林绿地覆盖率超过 80%，可实现三季有花，四季常绿。

11.4 北京经济技术开发区 X35 多功能调蓄雨洪生态公园

项目名称：北京经济技术开发区多功能调蓄雨洪生态公园[①]

项目地址：北京经济技术开发区博兴三路东侧

项目面积：7.6hm²

项目设计单位：北京建筑大学城市雨水系统与水环境团队，北京经济技术开发区城市规划和环境设计研究中心，北京市市政工程设计研究总院有限公司

11.4.1 项目背景

X35 位于北京经济技术开发区，X35 原为沙坑和垃圾堆填区，杂填土较多且厚度不均，未经处理不宜作为建设用地的地基。根据规划，X35 建成区域级生态公园，X35 现状沙坑已整治成具有相当规模的人工水体。拟将 X35 建成集雨水集蓄利用、调控排放、水体净化和生态景观为一体的多功能生态水体公园。

X35 及周边的 X36、X43、X44 街区位于河西区的 II-5 街区，II-5 街区规划为发展高新技术产业，X35 街区规划有停车场一处，区域级公园一处，X36、X43、X44 街区主要为商业用地和数类设施的混合用地（图 11-17）。

---

① 本案例由李俊奇提供，文字由杨珂改编。

图 11-17　X35 及周边地块 03 版卫片

11.4.2　方案概要

（1）规划原则

➢ 安全性原则；

➢ 雨水资源化原则；

➢ 净化减污性原则；

➢ 生态景观亲水性原则。

（2）工艺流程

➢ 在进行水量平衡分析的基础上，建设以多功能生态水体为核心的生态公园。

其主要功能包括：

➢ 防洪调蓄；

➢ 雨水集蓄利用；

➢ 生态景观；

➢ 截污截流、自然净化和水质保障等。

工艺流程示意图和多功能调蓄设施断面图分别见图 11-18 和图 11-19。在非暴雨季节,水体维持较低的正常水位,有水区域水位在常水位附近波动,主要起到景观、雨水的调蓄利用和改善生态环境等作用;在常水位之上的高地区域建造绿地、运动场或其他活动场所。

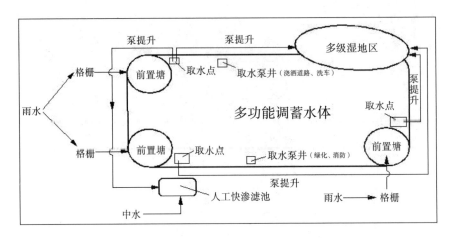

图 11-18　多功能生态水体工艺流程示意图

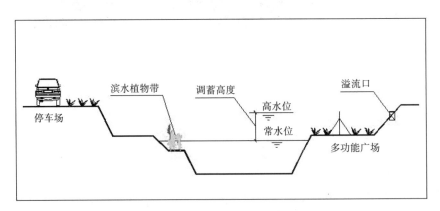

图 11-19　多功能调蓄设施断面示意图

(图片来源:车伍等,2005;作者改绘)

当发生多年一遇的大暴雨时,利用常水位和最高水位(泄洪溢流口处水位)之间巨大的空间来贮存调蓄暴雨峰流量,减少洪峰对周边或下游重要区域造成的水涝灾害;暴雨过后再通过利用、排放、下渗、蒸发等方式逐渐恢复到正常水位。

X35 多功能水体公园是一种雨洪综合利用的设施,首先满足景观和集蓄利用的目标,其次按一定的防洪排涝标准核算设计调蓄容积;超过设计调蓄能力的水排入下游雨水管系,雨后调蓄贮存的雨水部分通过下渗的方式补充地下水,部分则用于公园内的绿地喷灌、道路浇洒和洗车等。

高地上可供游人休闲和运动；暴雨季节，当洪峰超出溢流能力时，水位超过常水位而上升，水体发挥其调蓄能力，简易球场等高地发挥蓄洪作用。

（3）防洪调蓄与溢流

在充分利用多功能生态湖调蓄能力的基础上来设计各系统，暴雨时，雨水一部分流至前置塘经过预沉淀后进入主湖中，另一部分溢流入大湖中，通过放空设施排放至附近的河道中，可削减排洪渠的建设费用，同时满足排洪设计标准。

根据现状沙坑的基础条件，拟建湖体面积较大，约 3.2hm²，为保证 X35 多功能调蓄的特点，在用地红线范围内，向北扩展 75m，向西部分扩展 50m，现状岛延伸为半岛，以增加多功能活动场所的面积，则沙坑面积由原来的 5.7hm² 增至 7.6hm²。

11.4.3　多功能水体调蓄方案

（1）服务汇流面积优化分析

在已建管线的基础上，将 X35 及其周边地块雨水全部收集，汇水面积按照设计雨水管线的服务范围确定，包括：奔驰地块、X35、X36、X43、X44、X45、X52、X53 和 X54，共计面积约 110hm²，基本不需要改变原来雨水管线，汇入 X35 比较容易，其汇水范围如图 11-20 所示。

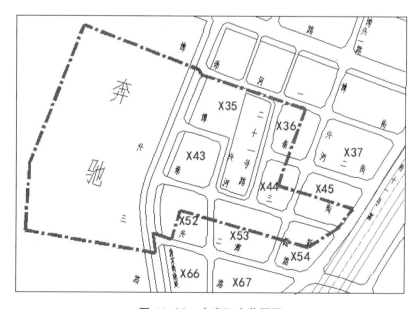

图 11-20　方案汇水范围图

（2）多功能调蓄设施规模优化分析

根据周边场地限制以及考虑到雨水的蓄集利用，设计水位可在 21.30 ~ 22.10m 范围内波动，为保证亲水效果，建议一般常水位保持在 21.80m 的高度，此时对应的水体面积为 3.6hm²，则水体面积占扩展后沙坑总面积的 40% 左右（图 11-22）。

（3）按年水量平衡计算

根据北京市经济技术开发区的气候资料和 X35 沙坑的实际情况，年水量平衡主要考虑下列条件：

1）入湖水量为径流雨水量和中水；

2）用水量为公园内绿化用水量、喷洒道路用水量、蒸发量和洗车用水量，其中绿化用水量由园林部门提供，每月洗车用水量为 432m³。

根据现状场地限制及高程条件，拟定 21.80m（计算常水位）为常水位进行水量平衡计算，结果见表 11-4。

不同降雨重现期湖水水位分析与安全性评价　　　　表 11-3

重现期（年）	日降雨量（mm）	径流总量（m³）	无外排水时多功能湖水位增高理论值（m）	无外排水时多功能湖水位绝对标高理论值（m）	安全性评价
1	59	41624	1.10	23.20	安全
5	144	60672	1.55	23.65	安全
10	201	101590	2.35	24.45	安全
20	259	182721	3.75	25.85	安全
50	346	244098	4.65	26.75	安全
100	403	284311	5.20	27.30	安全（基本与路持平）

（4）按最大日降雨量进行校核

对其不同重现期水位波动情况及安全状况进行量化分析，分析结果如表 11-3 所示。

从表中可以看出，多功能湖能满足 100 年一遇洪水不外排，有足够的调蓄能力。

表 11-4

X35 生态公园多功能生态湖水量平衡表

月份	降雨量与径流量		蒸发量		绿化用水量		喷洒道路用水量		洗车用水量	用水量小计	其他损失量（按用水量的10%计）	总用水量	入湖雨水量－总用水量	保持常水位时需补水量或外排水量
	月均	入湖径流雨水量	月均	湖体蒸发量	月均	绿化用水量	月均	喷洒道路用水量	洗车用水量	用水量小计		总用水量	入湖雨水量－总用水量	
	mm	m³	mm	m³	mm	m³	mm	m³	m³	m³	m³	m³	m³	m³
	(1)	(2)	(3)	(4)	(5)	(6)	(7)	(8)	(9)	(10)=(4)+(6)+(8)+(9)	(11)=(10)×10%	(12)=(10)+(11)	(13)=(2)-(12)	(14)
4	19.3	13616	145	5365	120	13347	15	1424	432	20568	2057	22625	-9009	需补水 9009m³
5	27.8	19613	176.5	6531	150	16684	15	1424	432	25071	2507	27578	-7965	需补水 7965m³
6	67.5	47620	166.3	6153	60	6674	15	1424	432	14683	1468	16151	31469	需外排 31469m³
7	174.6	123178	130.2	4817	30	3337	15	1424	432	10011	1001	11012	112166	需外排 112166m³
8	164.1	115770	105.5	3904	60	6674	15	1424	432	12433	1243	13677	102093	需外排 102093m³
9	43.2	30477	99.2	3670	30	3337	15	1424	432	8864	886	9750	20727	需外排 20727m³
10	19	13404	82.1	3038	30	3337	15	1424	432	8231	823	9054	4350	需外排 4350m³
合计	539.5	380610	1164	43075	600	66735	120	11395	5184	126390	12639	139029	241581	共需外排 241581m³

规划后 X35 多功能公园生态湖工程用地一览　　　　　表 11-5

用地类型		面积（hm²）	备注
X35 公园用地（总面积：7.60hm²）	水体面积	3.80	—
	亲水平台	0.96	—
	高地活动区	0.50	—
	净化区	0.72	包括多级湿地区和人工快渗滤池
	绿地	1.17	约为总面积的 15%
	其他用地	0.45	环湖路、公园小路等

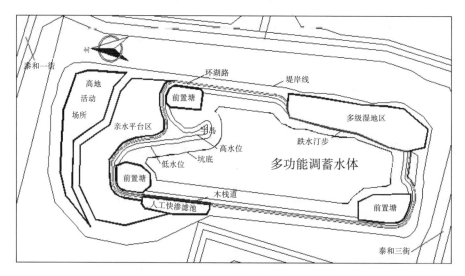

图 11-21　X35 公园平面功能分区图

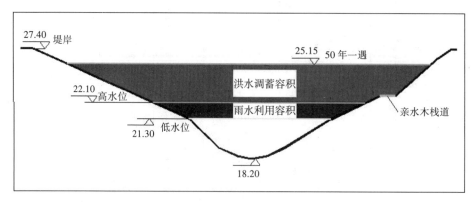

图 11-22　雨水调蓄利用示意图

11.4.4　水体水质保障方案

（1）初期雨水控制系统

通过设计分散式管道初期弃流控制措施和汇流面的初期弃流控制措施对初期雨水进行处理。

水体汇水区域内设计不同处理屋面初期雨水和道路初期雨水的生态措施，这些措施能有效减少径流雨水中污染物对水体的污染：

A. 屋面雨水就近汇入建筑附近的低势绿地。

控制低势绿地低于路面 5 ~ 10 cm，可达到有效去除初期雨水污染物和节约绿化用水的目的。低势绿地溢流口或自然坡面与输送排放雨水的植被浅沟连通。

B. 路面径流雨水就近汇入附近的植被浅沟或缓冲带对雨水进行截流、截污。

C. 多年研究成果表明，城区屋面径流 2 mm 的初期雨水和道路径流 6 ~ 8 mm 的初期雨水污染较大，是需要控制的主要污染对象。设计中在雨水比较集中的地方采用初期弃流装置、截污挂篮等措施对径流雨水污染进行控制，从而保证入湖水质。

（2）前置沉淀池

当受区域条件的限制不便进行初期弃流时，可设置前置沉淀设施。前置沉淀设施设置在雨洪多功能调蓄设施之前，雨水经过沉淀后通过卵石区的过滤、截污后进入雨洪多功能调蓄设施内。遇大暴雨时，可以通过溢流的方式进入雨洪调蓄设施内。遇上小雨时可以只利用前置沉淀设施进行调蓄，保证多功能调蓄设施发挥其正常功能，便于多功能设施的维护（图 11-21）。

前置沉淀设施的面积需依据区域的水质而定，国外经多年研究一般采用雨洪调蓄设施总面积 10% ~ 25%。它的形状可以根据区域的条件，景观要求，多功能雨洪调蓄设施的种类、功能和外观等因素设计。

（3）生态水体水循环系统与取水回用系统

对湖区水体进行合理循环，既利于水体的水质保障，还可以改善水体的景观效果。设计中分别提出了水系及整个湖区的水系循环方案：

A. 中水入湖点设置在西部人工快渗滤池，补给人工土快速渗滤池，充分利用渗滤池对水体进行净化。

B. 整个湖区的水体循环是将北部的两个前置塘、快渗滤池及南部的一个沉淀塘的出水用泵提升至南部的多级湿地区，水从湿地处流入湖体，从而形成一个较大的循环。

C.两个泵井取水用于绿化, 道路浇洒和洗车和消防等。

在湖区周边设置生态净化区, 采用人工土植被快速渗滤池和人工湿地, 主要处理对象是中水和循环净化湖水。其中潜流湿地面积为 4700m², 深度为 1.2m, 长宽比不超过 2 ∶ 1, 表流湿地面积为 1300 m², 水深为 0.3 ~ 0.5m, 填料深度为 1.2m。

人工快渗滤池设计流量按每月补水量 13053m³, 渗滤能力按 0.8m³/m²·d 则需要的面积为 1200m², 深度为 1.5m, 长宽比为 1 ∶ 1。人工快渗滤池仅在 4、5 月供中水净化使用, 则其余时间可替多级湿地分担部分循环水量, 进一步增加净化效果。

在湖中和湖边设置水生植物区, 也可根据情况需要在湖内增设植物浮岛, 旨在改善湖本身的生态功能, 提供一定自净能力, 也为各种水生植物和鸟类提供必要的栖息场所, 使人工湖更具生机, 达到改善湖体景观的效果。

（4）水生植物与动物

在选择水生植物与动物时, 应尽量采用本地的物种。该项目中采用的植物建议如表 11-6:

生态堤岸种植植物   表 11-6

水深深度	种植植物
小于 0.3m	千屈菜、地肤、水蓼、三棱草、慈姑
小于 0.6m	芦苇、菖蒲、水葱
小于 1m	睡莲、荷花

湖中适当放养蚌类、鱼类如鲢和鳙鱼、螺蛳和青蛙等动物, 延长食物链, 提高生物净化效果。

（5）生态水体进出口设计

前置塘水位高出湖体常水位约 0.6m。为保证暴雨季节雨水流速过大造成的冲刷侵蚀, 应设计消能措施, 如在管渠入水处设置卵石或砾石, 或设置小挡墙进行挡流, 以消除水流能量。

多功能生态湖体出口形式有多种, 包括一级出口和多级出口, 多级出口根据不同的设计标准设置不同级出口的出口形式。为方便操作和管理, 本湖体采用堰型出口形式, 即雨水通过溢流堰进入跌水井, 再经过管道出流的形式, 为防止较大的垃圾废物进入溢流管中, 可在溢流堰口设置截污格栅, 同时能防止出流管堵塞（图 11-23、图 11-24）。

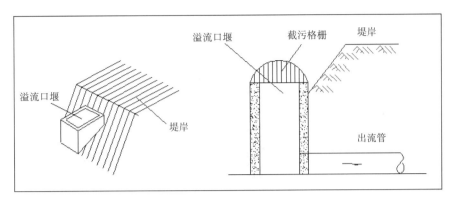

图 11-23　堰型出口结构示意图

图 11-24　多功能调蓄建成后实景

（图片来源：王文亮、王建龙拍摄）

11.5　陕西渭河漫滩海绵适应性设计

项目名称：渭河漫滩海绵适应性设计 [1]

项目地址：陕西省咸阳市渭城区渭河自然洪泛滩地内

项目面积：125hm^2

项目设计公司：北京一方天地环境景观规划设计咨询有限公司

---

[1]　本案例由北京一方天地环境景观规划设计咨询有限公司栾博提供，文字由杨珂改编。

11.5.1 现状基本情况

（1）项目概况

渭河是西安和咸阳的母亲河，设计场地位于渭河流经咸阳市渭城区的自然洪泛滩地上，占地面积约 125hm²，西起咸阳 - 陇海铁路桥，东至上林大桥，北接渭河防洪大堤（百年一遇标准），南至渭河主河槽。场地中原有的河道土堤横贯东西，长有数十棵垂柳，北侧滩地由于长期的挖沙、堆填和洪水冲刷形成了若干陡坡土坎。

（2）气象与水文地质条件

渭河咸阳市渭城区地处关中平原中部，秦岭以北，属中纬度暖温带半湿润大陆性季风气候区，年平均气温为 13.1℃。全年平均风速 2.7m/s，最大风速 18m/s，以偏北风为主。降水多以暴雨形式出现，多年平均降水量 545mm 左右。

场地局部存在取沙坑，地形起伏较大，漫滩高程约 364 ~ 378m，局部漫滩表层分布有大面积生活垃圾填埋场，为近年堆填。河漫滩以中细砂为主，粗粒土单一结构。还有少量的沙壤土、粉砂、粗砂、少量的素填土等。地下水位一般水位埋深 6 ~ 9m，主要受大气降水补给，洪水期（7 ~ 9 月）漫滩区地下水接受河水的反向补给。

（3）场地条件（用地类型与地下空间、竖向与管网分析）

工程区域内现有郑西客运专线穿过，渭河北岸现有堤防工程，防洪标准为 100 年一遇洪水。郑西客运专线至上林大桥段滩面逐渐变宽，滩面高差起伏大，滩面上现有多处驾校训练场地，部分驾校的训练场地基台高出平均河道滩面 2 ~ 3m。

河道内采砂活动使渭河河床降低，主槽过流能力加大，冲刷能力增强，导致在郑西客运专线渭河大桥及其下游处（设计桩号 0+300 ~ 0+687）形成 3 处跌坎。

通过对本区段渭河的设计洪水推算和水面线推求，并根据现状地势条件分析确定洪水淹没风险，可将场地分为三类风险区：被原控导工程（土堤）围护的高阶地（高程 381 ~ 383m），可以抵御 20 年一遇的洪水侵袭；被土坎围护的中阶地（高程 380 ~ 382m），可以抵御 10 年一遇的洪水侵袭；以及地势最低的自然滩地（高程 374 ~ 381m），处于 5 年一遇洪水淹没范围（图 11-25）。

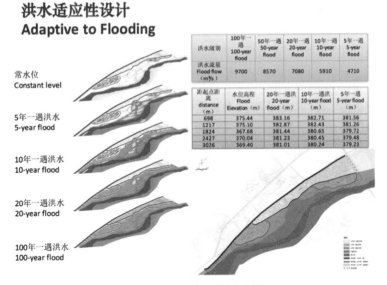

洪水适应性设计
Adaptive to Flooding

常水位
Constant level

5年一遇洪水
5-year flood

10年一遇洪水
10-year flood

20年一遇洪水
20-year flood

100年一遇洪水
100-year flood

洪水级别	100年一遇 100-year flood	50年一遇 50-year flood	20年一遇 20-year flood	10年一遇 10-year flood	5年一遇 5-year flood
洪水流量 Flood flow (m³/s)	9700	8570	7080	5910	4710

距起点距离 distance (m)	水位高程 Flood Elevation (m)	20年一遇洪 20-year flood (m)	10年一遇洪 10-year flood (m)	5年一遇 5-year flood (m)
698	375.44	383.16	382.71	381.56
1217	375.10	382.87	382.43	381.26
1824	367.68	381.44	380.65	379.72
2427	370.04	381.23	380.45	379.48
3026	369.40	381.01	380.24	379.23

图 11-25　洪水淹没范围分析图

11.5.2　问题与需求分析

　　咸阳东郊污水处理厂的排放口位于场地西端，属本项目设计范围的上游区域。除污水处理厂排放口外，场地中还存在多条城市雨污排水明渠，对渭河造成了一定程度的水质污染问题。为了降低城市雨污直接排入渭河所带来的水污染负荷，并将水质提升至地表水 IV 类标准，需将直排入渭河的劣 V 类雨污水截污收集至污水处理厂，再将污水厂尾水引入人工湿地进行净化（图 11-26）。

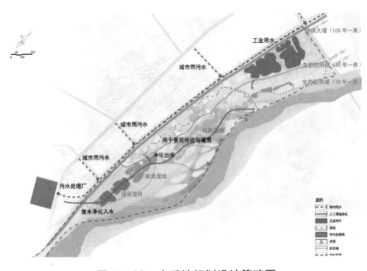

图 11-26　水系统规划设计策略图

设计区段属于渭河下游游荡性河段，对 2000 年、2005 年、2008 年和 2014 年的河势所进行的套绘分析表明渭河主河槽常年摆动不定。现有渭河大堤为 100 年一遇防洪标准，堤外河漫滩属本项目设计范围，这处场地因常年受洪水冲刷而存在不确定性。

场地所在区段的渭河洪水冲刷流速为 2 ~ 3m/s，可采用抛石、扦插、木桩、滩地覆绿等柔性生态防洪技术，分别对 10 年一遇和 20 年一遇淹没区的场地进行不同程度的保护，以构建适应性防洪措施。

11.5.3 场地解决策略

> 洪水适应性设计，通过多年水位分析，构建弹性的人与水相适应的设计策略。

> 雨洪的调蓄，废水的再生。在调蓄雨洪的同时，利用湿地处理污水处理厂之后的尾水。

> 构建湿地净化系统，形成城河间海绵缓冲带。将进水为 A 类废水（N、P 劣 V 类），出水后达到地表水 IV 类水的标准。

> 生物多样性的恢复，通过河滩地采样点取样，调研当地的动植物，如芦苇、紫菀、芦竹、蜗牛、蜘蛛。

> 市民参与性体验，构建多种市民可参与体验的活动场所，如：秦腔广场、生态泳池、冬季冰场、移动水乐园等。

打造融城市公园与市民休闲、海绵湿地废水利用、自然漫滩洪水适应相结合的城市绿色雨水基础设施。

11.5.4 河漫滩总体方案设计

（1）海绵城市工程设计流程

根据净化规模和水质目标，确定了以潜流湿地为主、表流湿地为辅的人工湿地总体方案。具体流程为：进水→垂直潜流湿地→氧化塘→水平潜流 / 表流湿地→兼性景观塘。其中，垂直潜流人工湿地系统承担主体净化功能，去除各类污染物；水平潜流、表流湿地的作用主要为进一步去除水体中的残留磷，促进氨氮的硝化反应；氧化塘能够发挥调蓄缓冲、水体复氧及向下级均匀布水等功能（表 11-7）。

经湿地处理后水质情况　　　　　　　　　　　　表 11-7

序号	水质指标	进水	垂直潜流湿地出水	表流湿地出水
1	COD_{Cr}	50	25	20
2	BOD_s	10	6	4
3	NH_3-N	5	2.0	1.5
4	TP	0.5	0.25	0.2
参考标准		污水厂一级 A	氨氮地表水 V 类，其他地表水 IV 类	氨氮地表水 IV 类，其他地表水 III 类

（2）总体方案设计

将生态防洪技术、人工湿地技术、栖息地修复技术合理统筹于空间布局中，通过空间设计途径最终形成集洪泛漫滩、海绵湿地、城市公园于一体的总体方案，实现海绵城市的综合目标。

利用场地地势形成与洪水过程相适应的"一廊三层"的总体空间布局，使市民使用程度与洪水安全等级相匹配（图 11-27）。

A. 一廊是对现有土堤进行加固改造和景观修复后形成的贯穿东西的景观休闲绿廊，高程 381.30 ～ 383.10m，能够抵御 20 年一遇的洪水侵袭；

B. 第一层为地势较高（380.00 ～ 383.10m）、可承受 20 年一遇洪水（7080m³/s）的景观休闲区。该区域受洪水淹没风险最低，可为当地居民提供最为丰富的休闲活动服务，包括绿道、亲水体验广场、秦腔文化广场、果园、市民农园等；

C. 第二层为地势略低（380.60 ～ 382.70m）、可承受 10 年一遇洪水（5910m³/s）的生态湿地区，主要功能包括废水净化和雨洪调蓄，是城市与渭河之间的缓冲带，兼顾休闲与环境体验功能，包括栈道、垂钓、野餐等空间；

D. 第三层为地势较低（374.00 ～ 381.00m）、受洪水淹没风险较高（5 年一遇标准以下）的自然滩地区，主要功能为保护和修复泛洪河滩湿地，最大程度顺应渭河的自然摆动和水位周期性变化。该区域中设置简单石板步道，平日可供市民自由漫步，泛洪时不影响行洪过程。

（3）分区详细设计

A. 生态湿地区在城市与渭河间构建起一道城市海绵，具有雨洪调蓄、废水净化再生的功能，兼顾休闲体验与环境教育。通过合理的设计，将游憩体验空间与湿地净化流程相结合，借助氧化塘、潜流湿地净化区（3hm²）、表流湿地净化区（5.4hm²）、水质提升区、水质稳定区 5 个环节，平均每日可净化 8000m³ 由污水处理厂排放的废水。

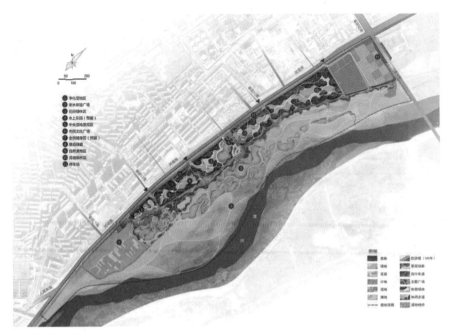

图 11-27　总体方案设计总图

通过将水平潜流和表流湿地与花田景观结合，种植芦苇、菖蒲、鸢尾（*Iris tectorum*）、香蒲（*Typha orientalis*）等植物，并设置随地势蜿蜒起伏的景观栈道与栈桥，使该区域兼具净化与景观体验功能。

水质提升区设计了多个小型景观湿地，其间利用高差设置多级石堰跌水曝氧，并引入鱼类等水生生物以抑制藻类生长，有助于进一步水质提升。水质稳定区净化后的水流入亲水体验广场的浅水池中，作为景观用水。净水还可用于灌溉果园和市民农园。游憩体验设计为市民提供了不同深度和类型的参与机会，既有散步、观赏、休憩等基本体验，和垂钓、蔬菜种植等可深度参与的自然体验。

B. 自然滩地区位于景观绿廊南侧靠近渭河一侧的区域，占地总面积597737m²，其中绿地面积为593537m²，铺装面积为4200m²。因现状滩地自然风景地貌较好，但位于洪水淹没区内，为构建适应性防洪措施。通过扦插活体木桩（柳枝）结合抛石的方式对原有土堤进行填筑改造，形成第一道生态护堤（可抵御10年一遇洪水侵袭），以对中阶地区形成有效保护。采用抛石的方式对原控导工程（土堤）进行改造，形成第二道生态护堤（可抵御20年一遇洪水侵袭），从而有效保护高阶地区。对于淹没风险最高的浅滩（5年一遇受淹区域），通过保护和修复自然岸线和滩地植被，例如补植芦苇（*Phragmites australis*）、菖蒲（*Acorus calamus*）等物种，可在泛洪时起到缓冲作用。设置青石板步道，允许被水浸没的材质，平日市民可自由漫步于自然滩地，泛洪时则把其留给洪水，成为滞洪系统的有机组成部分。

　　C. 亲水体验广场位于景观绿廊西端北侧，占地总面积为 27103 m²，其中水域面积为 2814 m²，绿地面积为 13950m²，铺装面积为 10339m²。亲水体验广场西侧为净化湿地区，东郊污水处理厂的达标废水经净化湿地区二次净化，成为景观用水，净化湿地区末端与亲水体验广场相对，位于景观绿廊两侧。因此，在亲水体验广场设置水深为 200mm 的人工水池，利用湿地净化的水作为水源，蜿蜒流绕整个广场，展示净化湿地区的净化成果，结合块石汀步、湿地植物打造为市民多样化的水体验场所。

　　因场地现状平坦，设计高程以保留现状高程为主。经净化湿地区净化的水从亲水体验广场西侧开始流经两个湿地植物景观区，及若干汀步，在水池东端抽升回水池西端，形成自循环水系统。

　　（4）典型设施节点设计

　　人工湿地的净化规模应满足绿化灌溉用水、生态景观用水和补充水体蒸发渗漏损耗的需水量，实现废水资源化利用。经计算，需灌溉绿化植被总面积按 15hm² 计。根据陕西省行业用水定额（DB61/T 943-2014），因而绿化灌溉总需水量为 400m³/d。为维持湿地与景观水体水质（面积约 8hm²，平均水深 1.0m），换水周期为 10 ~ 15 天，日换水量为 5333 ~ 8000m³。根据咸阳地区蒸发量和土壤渗透系数，计算得出蒸发渗漏损耗平均约 250m³/d。据此确定湿地净化能力需达到 5983 ~ 8650m³/d。

　　垂直潜流人工湿地系统承担主体净化功能，去除各类污染物，将进水中的总磷从 0.5mg/L 净化至 0.25mg/L，同时创造厌氧、兼性环境，促进氮元素的反硝化；水平潜流、表流湿地的作用主要为进一步去除水体中的残留磷，并将总磷净化至 0.2mg/L；表流湿地为好氧状态可促进氨氮的硝化反应；氧化塘能够发挥调蓄缓冲、水体复氧以及向下级均匀布水等功能。磷在垂直潜流湿地的降解系数取 0.3d-1d，停留时间取 2.31d，湿地基质孔隙率取 0.34，经计算，垂直潜流湿地深度需达 1.8m，面积需 3hm²。磷在表流湿地中的一级反应常数取 12m/yr，经计算湿地面积需达 5.4hm²。

11.5.5　建成效果及效益分析

　　渭柳湿地公园一期工程于 2017 年 5 月建成，并已开展后续绩效评估工作。据初步成本效益评估，项目建设成本（70 元/m²）仅为咸阳同等面积普通公园的三分之一，发挥了环境、社会、经济方面的综合效益，基本实现了设计目标。

图 11-28 建成后效果

（1）在环境效益方面，据监测结果显示总磷（0.12mg/L）、COD（9.7mg/L）、氨氮（0.27mg/L）均达到地表Ⅲ类水标准，与建设前污水处理厂尾水和雨污明渠监测数据相比较，分别实现 COD 削减 59.8% 和 89.6%、氨氮削减 53.4% 和98.4%；总磷削减 70.7% 和 96.6%，总氮削减 62.8% 和 79.6%。项目实现每年废水资源化再生 240 万 m³，达到了 10% 的污水厂废水再生率目标。公园内不同地区草本群落生物多样性 Shannon-Wiener 指数提升至 1.57 ～ 1.91，乔木群落提升至2.11 ～ 2.33。

（2）在社会效益方面，场地从难以进入的荒滩变为具有丰富游憩体验和可深度参与的公园，有益于提升居民的环境教育、审美体验和身心健康。

（3）在经济效益方面，市民农园、运动场地等服务设施实现了公园的持续性收益，公园亦促进了周边地产的增值（图 11-28）。

11.6　四川卧龙中国保护大熊猫研究中心雨水资源综合利用方案

项目名称：卧龙中国保护大熊猫研究中心雨水资源综合利用方案[①]

项目地址：四川省汶川县耿达镇

---

① 本案例由车伍、赵杨提供，文字由杨珂改编。

项目面积：$26.3hm^2$

项目设计单位：北京建筑大学城市雨水系统与水环境团队、中国建筑科学研究院建筑设计院、四川省建筑设计研究院

11.6.1　项目概况

（1）概况

卧龙中国保护大熊猫研究中心灾后异地重建项目，位于四川省境内，其中一期规划面积 $26.3hm^2$，总建筑面积约 $2hm^2$。场地内主要建筑包括熊猫圈舍、科研办公楼、科普教育中心以及其他配套设施。建设场地被一条自然的山涧 - 幸福沟分隔为东、西两片汇水区域（参见图 11-29）。幸福沟西侧地势起伏大，山体环绕西侧区域，高程由西北部最高山峰经场地向幸福沟逐渐降低，在场地内有一条因多年冲刷而形成的斜向冲沟，自然形成西部山区的主要排洪通道。区域范围植被好、汇流面积不大，大暴雨时冲沟流量会明显增大，但没有严重山洪破坏的记录。幸福沟西侧地势较低区域，适合设置湿地调蓄水体。幸福沟东侧区域面积较小，有一条小溪沿东侧山势顺流而下，山区汇水区域较大，流水不断，且水质好，可以合理利用。山沟深处山体陡峭，且有明显地震造成的坍塌（图 11-30）。

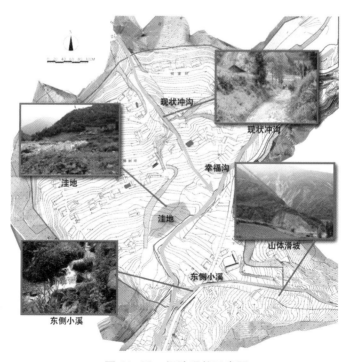

图 11-29　场地现状示意图

（2）主要问题与挑战

图例
- ▨ 易污染区域
- ▢ 需回用区域
- ┈ 建筑密集区域
- ▥ 洼地、冲沟、小溪
- ▦ 水土侵蚀易发区

（图中标注：猫舍区、猫舍区、科普教育中心、科研办公楼、停车场）

图 11-30　场地条件及开发风险分析示意图

> 全年降雨不均，主要集中在 6 ~ 9 月，在降雨充沛的季节里需要合理调蓄雨水。

> 现场平均坡度大，人类活动频繁，易造成水土流失。陡坡处易出现滑坡和地质灾害。

> 场地开发易造成水环境污染，熊猫圈舍内的食物残渣、粪便等污染物经雨水冲刷会严重威胁水体的水质安全。

11.6.2　雨水系统规划设计目标与原则

（1）设计原则

> 现有雨污分流排水体制主要以"排"为主，应强化雨水的回用与综合利用，减少对下游的径流排放和污染。合理布置"灰色"基础设施，尽量增加"绿色"基础设施的建设。

> 根据地形特点与汇流面特点合理规划雨水系统外，雨水系统应与景观系统相协调，使场地开发后尽量生态化、自然化。

（2）设计目标

《绿色建筑评价标准》中节水与水环境相关目标分为控制项、一般项与优选项三种。其中控制项为硬性指标，一般项与优选项可根据项目条件和评价等级要求而定，按三星级标准的相关目标有：

A. 控制项：

> 场地建设不破坏当地文物、自然水系、湿地、基本农田、森林和其他保护区；

> 在方案、规划阶段制定水系统规划方案，统筹、综合利用各种水资源；

> 使用非传统水源时，采取用水安全保障措施，且不对人体健康与周围环境产生不良影响。

B. 一般项：

> 通过技术经济比较，合理确定雨水集蓄、处理及利用方案；

> 绿化、景观、洗车等用水均采用非传统水源。

C. 优选项：

> 办公楼、商场类建筑非传统水源利用率不低于40%，旅馆类建筑不低于25%。

11.6.3　雨水综合利用方案

经过充分的技术经济分析和方案比选，最后制定图 11-31 所示的雨水资源综合利用与水环境总体方案。

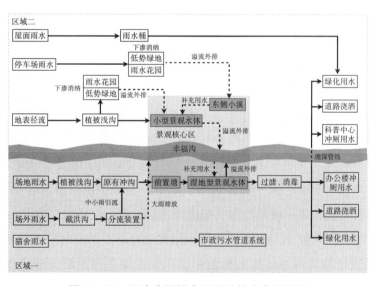

图 11-31　雨水资源综合利用总体方案流程图

　　按照项目设计目标，必须考虑雨水回用并满足水质与水量两方面要求。充分利用西侧区域汇流面积较大、地势条件、现状冲沟、河岸洼地等优越条件设计雨水资源综合利用方案（图 11-32）。同时，利用东侧的条件设计东侧小型水体景观区，形成东西协调呼应的格局，构建以幸福沟为主轴的"滨水带自然景观核心区"。

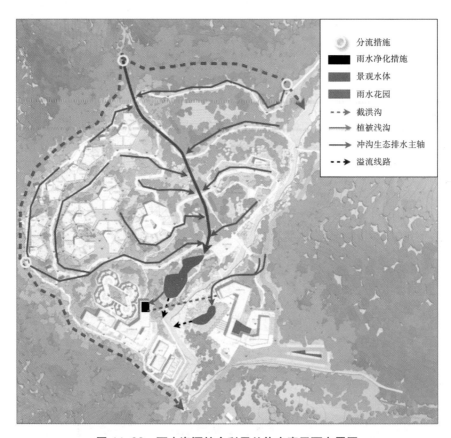

图 11-32　雨水资源综合利用总体方案平面布置图

　　场地西侧以冲沟为核心构建生态化集水系统。利用场地坡度大的特点，结合游线布置植被浅沟，形成集水网络，分散汇入冲沟主轴，最终连通西侧湿地水体。冲沟现有坡度较大，考虑到其作为输水主轴过水流量大，易发生水土冲蚀。可将其设计为"跌水"形式，减小分段坡度。同时，为减少雨水资源的流失，保障景观水体雨水收集量，部分植被浅沟底部进行防渗处理。

　　场地东侧总面积较小，但硬化地面占据大量空间，暴雨时径流量较大。因此，通过道路周边植被浅沟将径流汇集至小型景观水体，与西侧湿地形成呼应布局，同时兼顾削减径流流量、减少径流污染等综合作用。

11.6.4　效益分析

（1）保障雨水回用水量

场地西侧总规划用地面积 22.7hm²。外部山体面积经卫星图估算约为 15hm²。绿地径流系数取 0.15，硬化面积取径流系数 0.9，综合径流系数约为 0.24。除去猫舍汇水面积，西侧区域总汇水面积约为 37hm²。

场地管理人员用水按综合日用水量共为 27m³/d；观光旅游人员用水共 20m³/d；浇洒道路及绿化用水总量为 15m³/d；管道漏损及未预见水量按 15％计，年总用水量约为 26000m³。其中雨水回用水量约为 10800m³，占总用水量 41.5％，满足40％非传统水用水率要求。

（2）减少开发成本

以上述绿色生态雨水综合系统进行场地开发，还可相应省去雨水管道等灰色基础设施的建设费用。按现有建设费用进行估算，该方案建设费用约 56 万元，仅为传统雨水管道建设费用 56％。按现有工程费用进行估算，可节省雨水管道费用 42.4 万元，每年节约自来水费用 3.2 万元，以雨水措施使用年限 20 年计，共可节约费用 106.4 万元。

图 11-33　建成后效果图

（图片来源：赵杨拍摄）

（3）环境综合效益

项目方案借鉴发达国家的低影响开发理念，开发过程中最大限度减少对原有植被、生态环境的破坏，保护原有场地的自然条件和水文循环。针对项目场地条件进行设计，通过不同形式的调蓄、储存、下渗等措施，实现充分利用雨水资源，减少雨水直接排放、控制水环境污染、保护并营造自然生态景观等多种功能（图 11-33）。

附　录

业内人士访谈1

访谈时间：2018年1月2日下午

访谈人物：强健，原北京园林绿化局副局长，负责城镇绿化、绿地管理、城乡园林绿化发展规划、信息化工作。

1. 您认为当前我国的绿地建设在我国的城市化发展过程中应该承担什么样的角色与作用呢？

答：绿地建设在城市化发展过程中有着不可替代的重要作用，它承担着生态功能、公共空间、精神陶冶、防灾避险等诸多功能。其中生态功能是最重要的功能。生态作用有很多方面，这个不用过多展开。海绵功能是众多生态功能的组成部分之一，是被包含与包含的关系。至于海绵功能在生态功能中占多大的权重要通过大量的试验和可靠的数据来支持，比如说大家最担心的植物淹水问题、径流污染问题，或者种树种多少，下沉式绿地做多少，才能满足综合的生态功能。因为树木的生态功能包括制造氧气、遮阴降尘、消除热岛等效应，这是大家过去熟知的生态功能，而消纳雨水的功能，大家目前还存在认识不足的情况，而现在要做这个功能，需要大量的实验和数据支撑，才能最终确定。

2. 您认为当前我国绿地建设与海绵城市建设有哪些冲突？有哪些亟待解决的问题？

答：绿地建设与海绵城市建设不存在根本的冲突，出现的问题主要是以下两个方面：

（1）管理层面的问题，最根本的是部门与部门之间的协调和配合，专业之间的互相理解。目前存在的问题是各专业之间往往坚持自己的专业认识，或容易把自己的认识强加于人。各专业之间不能理解另一专业的诉求，如我们通过对道路雨水污染情况采样、化验，确定道路初期雨水确实存在严重污染，而水方面专家却质疑这些数据，认为雨水完全可以直排进入绿地，而这样导致互相不能尊重和配合。第二个管理层面的问题是管理部门的配合。目前海绵城市的建设涉及很多部门与专业，而目前缺少一个强有力的部门，将各个专业部门之间协调配合起来。

比如奥运会期间，会有一个部门，协调各项重大工程到的各个方面。而目前各个部门都是做好自己的任务，单打独斗，就单一问题如下沉式绿地来说，涉及众多部门的配合，如道路、园林，比如道路部门未将绿地设计为下沉形式，或者没有解决道路初期污染雨水的排放问题，导致下沉式绿地无法进行。

（2）技术层面的问题，比如老区的海绵城市改造难度比较大，绿地建设与城市建设之间的关系并没有解决到位。如建筑、屋面的雨水怎样引流到绿地中去？在尺度较大的规划中，雨水流向哪容易规划，而到细节的实施与落实中，往往存在问题。同时还存在建设时序的问题，往往绿地先建设起来，而建筑后建设起来，之前未考虑到雨水的引流路径，或者建筑先建设起来，无法向绿地内引流。另外一大问题是道路雨水污染的问题，有很多设备与技术一次性使用的成本和后期维护过高，我们需要探索先进技术与一些看起来土但经济适用的办法结合起来的办法。

3. 绿地对于雨洪的调蓄有哪些优缺点呢？

答：首先这个问题我觉得应该慎重地去提问，绿地有吸纳雨水的作用，但是单纯强调绿地调蓄城市雨洪的功能容易导致理解的偏差。绿地首先是绿地，它所应当承担生态、游憩、文化、社会、防灾等多种功能，消纳雨水仅只是绿地众多功能中生态功能的一部分。全国园林系统的同志对于把绿地着重地作为雨洪调蓄功能来看待，是有不同意见的。城市当中河、湖、排水系统才是调蓄雨洪的设施，当然也有海绵的功能，只不过是不同尺度、调蓄能力大小的问题。而透水铺装对于雨水的调节也有一定的功能，但是因为施工工艺的问题，过一两年之后，对于雨水的调节功能会逐渐降低，有的由于施工工艺的问题，甚至成为一种伪生态的现象。所以，如透水铺装，只是一种辅助的手段。

绿地本身就是"海绵"，天生就有消纳雨水的能力。但是绿地绝对不是也不应该是解决城市内涝问题的基础设施。绿地可以消纳雨水，但是存在一定的限度，有时候需要灰色基础设施的配合，比如北京立交桥的内涝，很难通过绿地来解决。绿地本身有海绵的功能，可以吸纳雨水，我们能做的是通过各种技术措施，在保障综合生态功能和其他功能的基础上，扩大绿地的"海绵"容量。原来可能是一年的重现期不外排，通过设计和各种技术措施之后，可以做到两年甚至更多年重现期的不外排，但仅此而已，蓄雨可以，调洪非也。

4. 如果采用下沉式绿地建设，需要考虑的主要因素有哪些？

答：首先声明：根据我们的工作实践，下沉式绿地仅只是绿地消纳雨水的一种技术方式，而不能笼统地以下沉式绿地来概括"海绵"型绿地的建设（"海绵"型绿地概念不一定准确，仅用来说明问题）。

我国幅员辽阔，南北东西的地理气候条件差异巨大，不能用统一的指标来一刀切式地提出要求。下沉式绿地在北方也要结合用地可能的条件情况来设计建设，在南方就不一定适用。所以"下沉式"绿地的提法绝对不能用来当作解决城市内涝问题的重要措施，这样的提法就是用绿地调蓄雨洪思想导致的结果。

那么确实适合于建设下沉式绿地的地方，应当处理好以下关系：

（1）城市的高程和地块的高程，是不是雨水的汇聚点。

（2）植物的承受能力，把水引进来、泡两天是否可行？之前我们也做过五种树种的实验，但缺少分组对比，数据的可靠性存疑。这个需要大量的实验实践和数据来支撑。

（3）雨水污染问题，2013年我们之前对道路绿地连续做了9次采样，每次采样8个点，分两个科研单位化验，经过化验之后两个科研单位的数据基本相同，同时证明道路初期雨水完全不能直接进入绿地的。

（4）如何处理好雨水消纳功能与景观功能，游人游览的空间功能的关系。

5. 下沉式绿地建设，与周边的衔接问题，您有什么好的建议呢？

答：（1）首先需要一个强有力的部门协调，比如规划市政专业，做完排水后，怎样去落地，各部门需要认真研究这个问题。比如研究北京80多处的道路积水点，有关方面提出把道路的雨水引入到周边绿地中去，做下沉式绿地。但是涉及绿地为什么不直接与我们园林局沟通？后来我们申请了专项资金，实际调研看现场，确定能做的地方和不能做的地方，原则不动已有的大树，最后交给规划委员会统筹。所以部门之间的相互配合衔接太重要了，这是一个小的链接事例。

（2）大的连接层面，是在修建性详细规划，通过划分汇水分区后，雨水径流系统的综合考虑，有过多的雨水无法消化的地方，需要灰色基础设施的排水来解决，而不是首先考虑用绿地来解决，要统筹考虑。一个项目完成后，楼先建起来，周边无绿地，雨水排向哪里？或者绿地先建设起来，周边建筑未建起来，无预留的排水管道，则屋面的雨水无法引流进来，这些设计和建设时序如何衔接，都是一个问题，否则只是空谈。技术上的大衔接和小衔接都很关键，亟待研究。

6. 如何解决海绵城市建设中植物淹水时间过长的问题？

答：这个要做实验，通过大量的实验，各地根据当地的降雨量、植物种类、气候条件分组对比去做实验，最后得出浸泡时间。往往技术人员强调树木植物长时间被浸泡会死亡，但是这个浸泡时间的临界点是多少，缺乏大量的数据实验。而且同一个树种在不同地方是不一样的，同一地方的不同土壤条件也是不一样的，这是一项非常复杂的技术问题，要想做好这项工作都需要各地根据自己地方的气候条件进行大量的实验，才能科学地去设计，否则都是拍脑袋。

7. 如何解决下沉式绿地中雨水进入绿地对土壤的污染和融雪剂等盐碱化问题呢？

答：首先声明：道路初期雨水和其他方面污染严重的雨水，是不能进入绿地的！

对于可以进入绿地的污染轻微的雨水，目前有较多的处理技术，但是成本很高，无法实际应用。我们考虑的是结合技术和人为管理。比如在设计道路路牙石时，留一个可调雨水口，前三场降雨排走，后几场降雨可以用时，将其打开，使雨水进入绿地。自动控制的成本过高，如果人为控制则增加园林后期管理的难度。在北方有盐碱化的问题，而南方无融雪剂，但车流量大的道路径流污染情况也比较严重，如重金属、石油、表面活性物质，同时如果道路绿地下沉，雨水进入道路绿地内，冬天存在道路冻胀问题，这些都是亟待解决的问题。

8. 如果将人的安全考虑在内，如何把握下沉式绿地的下沉深度和设计参数呢？

答：根据《公园设计规范》即可，新的《公园设计规范》已经考虑了绿地发挥海绵功能的问题。

9. 如何使公众和设计人员更易接受下沉式绿地的建设呢？

答：这又回到最初的命题问题，就是下沉式绿地仅是诸多海绵型绿地的技术措施当中的一种，如果这样提出问题，没有哪个园林业内人员不会接受。但是如果把"下沉式绿地"作为主要概念来指代海绵型绿地，当然很多园林工作者是不能接受的。

首先，对公众来说，最在意的是绿地设计的景观好、游览舒适、感觉很好、对人身没有任何安全威胁。而对于政府园林部门的决策者和设计人员，作为技术措施之一，是可以接受下沉式绿地建设的，但是下沉式绿地仅作为海绵型绿地建设的技术措施之一，其建设实施也是需要科学安排和实验实践的，比如下沉深度、土壤渗透系数、植物的耐浸泡实验、下沉面积，这些都需要数据来实验证明，以及结合游人的景观游览综合层面来考虑。现在缺少的是部门之间的配合和科学的实验数据。

10. 在您所接触的案例中，下沉式绿地建设有哪些较成功的案例呢？

答：望和公园、亦庄和六里桥雨旱两宜型的活动广场，这些都不是公开的下沉式绿地，而是因地制宜，对适于做下沉式绿地的地方采取了下沉式的做法。

11. 新建区绿地是否有必要以下沉式绿地率作为强制性的要求呢？对于已建成区和老城区，是否有必要将其改造成为下沉式绿地呢？

答：再次声明：我国南北东西差异巨大，绝对不能统一提出下沉式绿地的要求！

（1）不能作为强制性的要求，应从整个规划和区域的层面上来考虑，如雨水往哪个方向汇集，不能对所有的绿地给予一定的指标，大家对海绵型绿地并不抵制，希望做出成效来，而需要的是科学地导引，提出导向性要求，而非强加性地提出要求。

（2）新建区和老城区可以改造，一定要在保护现有植被特别是大树的基础上去做，根据现场实地的查勘，判断能吸纳多少雨水，做科学的分析以后再去改造。园林工作者应该明白，绿地首先它是绿地，它不是调蓄雨洪的一个手段，可以辅助减轻雨水压力。每块绿地根据具体情况、土壤的渗透系数、周边游人情况科学把握调蓄雨水的度。

12. 如果出台一部海绵城市建设绿地规划设计的导则或规范，在规范中您认为应该包含哪些层面呢？

答：主要是引导层面的内容要写好，理念要正确、不能含有专业偏见，全国的导则面对的是各地千差万别的情况，千万不要用大一统的具体要求来要求各地。

（1）北京市曾经出台"集雨型绿地规范"（概念不一定科学，但是来自于实践），也就是海绵型绿地的归纳概括，绿地本身是海绵，会吸纳雨水，我们能做的就是扩大绿地的海绵容量的工作。

（2）海绵城市建设的机制问题，机制的建设比技术的建设更为重要，技术层面大家可以通过摸索、实践，但机制的层面如果不解决好，很好的技术都用不上，或者用了也达不到最好的结果。

13. 您对于我国海绵城市的建设和绿地的建设有哪些畅想与目前期盼需要改变的地方呢？

答：海绵城市建设的形势很好，大家都在关注这个问题，各种争论多，褒贬不一，专业之间互相理解不够，总体是好的，得到越来越多的人认可。技术的研究创新很重要，但机制建设和部门专业之间的理解与配合是最重要和亟须改变的地方。

业内人士访谈 2

访谈时间：2018 年 1 月 2 日下午

访谈人物：邹裕波，阿普贝思景观总裁首席设计师；姜斯淇，阿普贝思景观工程师。

1. 您认为当前我国的绿地建设在我国的城市化发展过程中应该承担什么样的角色与作用呢？

邹裕波（以下称"邹总"）：

（1）最近提出的绿色基础设施，首先这个概念很好，与灰色基础设施，在城市当中都是很重要的基础设施。所以我觉得它的范围和维度，是传统的景观或园林更广泛拓展的一种状态。应该承担的角色，应该是城市中的缓冲空间，这个缓冲是一种生态性的缓冲，同时也是城市中其他功能的缓冲，城市当中很多东西是有用的，而有用的东西之间存在冲突，而其实需要绿地系统来进行一个缓冲，一种包容。包括雨水、噪声、土壤污染、交通冲突、人口密度、灰色基础建设当中各方面的缓冲。

（2）绿色基础设施应该去争当有用的部分，生态功能和城市的辅助功能更强。绿地的性质与建筑其他地块的性质在城市化建设进程中，应该具有互补性。传统的绿地建设是作为政绩的表现而建设，或是城市形象的展示空间，这个无可厚非，比如纽约的中央公园，北京也有很多公园是这种性质。但其实绿地应该更加为生态、为人而服务，协调城市当中生态当中人与自然的关系，有时候不需要种植名贵的树木，竖向地形、水系和植物系统应该是承担更多生态的价值和意义。

姜斯淇（以下称"姜工"）：绿地系统其实是城市规划系统中的一个有机体，绿地系统在海绵城市的建设背景下，包括最近兴起的 GI 系统，是有机体中的细胞液，绿地系统承担的就是这种物质交换调节缓冲的功能，我们的海绵城市其实也就是在把这几点去做一个强化去提炼它的生态系统的基本功能。

2. 您认为当前我国绿地建设与海绵城市建设有哪些冲突？有哪些亟待解决的问题？

邹总：两者之间存在交叉性，其实谈不上是冲突，海绵城市建设其实是生态的概念如何在水文中去充分地体现有机地运用。生态和环保的概念应该在景观中加以融合和体现，灰色基础设施和绿色基础设施应该相互结合去做，这是大家比较认可的方式。采用单一的方式，其实都有问题，而生态和环保的结合，比较好的是可持续景观。需要解决的问题应该是跨学科的，不同学科和行业之间的整合和学习。

3. 您觉得在可持续性景观这方面有哪些层面可以去实现呢？

邹总：

（1）在地形处理中，可以做成台地，而不是坡地，有利于雨水就地下渗。

（2）植物选取乡土植物和根系发达的植物，有利于后期的维护。

（3）下凹空间和上升空间的处理关系层面上，色彩的搭配与材料，材料可以选用可回收的材料，少用一些石材，这是在《海绵城市指南》中尚未提及的景观范畴，我相信很多人会用更丰富的形式来概括它，也会逐渐形成一个系列，会和《海绵城市指南》一样更加丰富。

4. 绿地对于雨洪的调蓄有哪些需要考虑的因素呢？如果采用下沉式绿地建设，需要考虑的主要因素有哪些呢？

邹总：最主要的是尺度的问题，比如小区和 768 园区尺度上，用绿地来完全做雨洪调蓄，对于景观的功能性具有很大的破坏性，当尺度大到几万平方公里或者几平方公里，大型的公园可以结合绿色基础设施和运动的场地，采用绿地系统调蓄雨洪有某种效果和意义。而较小的尺度如雨水花园和房边街角的区域，有非常强的缓释作用。而对于有大面积地下车库的小区，人口密度比较高，则需要慎重对待。

5. 您认为从小区的层面来做海绵城市的建设，有哪些冲突与需要考虑的地方呢？

邹总：在小区的尺度，做雨洪要量力而行，可以更多地利用周边的绿地系统，如果要做雨洪控制，不一定要达到 80% 左右的指标，这个数字目标应该避免一刀切，而小区内为了达标，经常要做调蓄池，往往后期用不到。在高密度的小区和有很多地下车库的小区、道路，应该需要周边地块的客水来满足雨洪控制的达标。同时绿地有很多类型，如郊野绿地、城市防护绿地，这种类型绿地的调蓄功能很有意义调蓄功能也很明显，尤其是对于拥有几十万人口和一两百万人口的中小城市而言。对于北上广超大尺度的城市而言，把绿地做成下沉式的公园，是一种可借鉴的经验，如波特兰、旧金山把整个公园下沉 4～5m，作为瞬时雨洪调蓄的场所，是一种很强的雨洪调蓄手段。

姜工：这是一个性价比的问题，优越性和限制性的问题。从"斑块 - 廊道 -

基质"的原理来考虑，中观尺度上来解决雨洪问题，具有较高的性价比，而目前我们可以用各种手段来解决满足小区层面上的雨洪和控制率，但是成本和造价过高。

6. 如果将人的安全考虑在内，如何把握下沉深度和人的安全呢？

邹总：

（1）最近地方出台的一些规范中新建项目要求中下沉深度为 0.1m，这是一个完全没有理由不够科学而且很荒唐的一个数据，很误导人。我觉得这些数据直接写到一种规范当中去，其实极大的束缚了景观设计师，同时也束缚了业主的很多要求。至于下沉多少，需要根据需求来设定，不一定要下沉 0.1m，完全没有必要，比如我们门口的雨水花园，我们就下沉了 0.6m，也没有任何问题。所以这个完全是通过设计手法去实现的。

（2）绿地空间一般人不会进入，不存在一个无障碍的设计，所以它的高低，人是不会进去踩踏的。如果考虑人的安全在内的话，要做好防护措施，比如下降 10m，可以作缓冲区和防护措施，更多的是一个尺度问题。比如街头绿地，下沉 10cm、20cm 都可以，之前我们做的项目中有一个公园，整体高程比周边低 4 ~ 5m，我们保留了原来的土方情况和高程，比如旧金山的金门公园，比周边低 4m 左右，这些都是没有问题的。传统我们做项目是将公园的地形做到"三通一平"、公园的排水全部进入市政管网，而当今我们需要的是保留尊重当地的地形，减少土方量，然后在这个基础上维护塑造。

7. 下沉式绿地在新建区和老城区的建设中应该有哪些不同呢？以及不同绿地类型与周边地块如何衔接处理呢？

邹总：

（1）新建区的下沉空间是可以根据景观中的场地功能而规划设计，当下沉空间的面积足够大，人是完全感觉不到下沉空间的处理的，比如 2 万 m^2 的空间下沉 5000m^2，当绿地有 1000m^2，我们要下沉 800m^2 时，我们下沉 50cm，可能都很明显，可以考虑台地的手法，依次下沉处理，其实是景观的很多丰富地处理设计的手法问题。如果是改造区，在原有的基础上已经有很多乔木，设施也已经做好，完全改造，成本过高，所以我认为应该在边角的空间做一些适当下沉深度的空间，这时候需要在尊重场地的基础上，考虑安全性和设计手法。

（2）防护型的绿地，比如位于新建区，面积比较大，应该首先考虑场地内部的土方平整，来设计下沉空间，或者局部地方不下挖，砌一个拦水坝的效果也可以达到。生产型的绿地，比如黄土高原的水土保持的方式，可以考虑坡改梯的形式，促进雨水的储备和下渗。

8. 如果在全国范围内采用绿地来调蓄雨洪，由于各地自然环境条件差别过大，各地方如何根据水资源管理的需求建设绿地？

姜工：首先存在城市建设时序的问题，因为新城建设的绿地，往往从附属绿地开始，而生产性绿地滞后于防护型绿地，防护绿地对于雨洪的调节作用很强。相比于各地的自然环境气候条件而言，影响各地海绵城市建设的是各地的城市开发建设的水平和经验、地方政府的管理水平、财政能力。

邹总：各地自然差别比较大，比如华北地区年降雨量只有几百毫米、蒸发量1000 多毫米，而内蒙古西部的降雨量很少，蒸发量几千很大，这个时候把雨水收集起来再利用，采用滴灌的技术则很有必要。各地区需要根据降雨量、蒸发量、土壤质地、土壤的渗透系数、城市规模的大小、城市发展的需求、对水的需求和再利用来因地制宜地考虑。全国各地差别比较大，至少应出台五个以上的规范和指导需求。

9. 如何解决海绵城市建设中植物淹水时间过长和植物处理径流污染的问题呢？

邹总：

（1）雨水花园中不存在这个问题，设计要求为 24 小时内排空，一般植物都可以接受这个时间的要求。大型的湿地，如岸边植物、湿生植物、浅水区植物等具体去选择设计。

（2）处理污染问题，重金属污染的问题，植物对重金属的净化基本没有什么效果，植物只能净化轻污染的水体，如污水处理厂后出来的水，通过景观净化后，有很大的空间和意义，更严重的污染，需要污水处理厂来控制。

10. 如何解决海绵城市建设中土壤盐碱化的问题？

邹总：道路中污染程度比较高的水，可以不下沉进入绿地，屋面污染程度低的雨水，可以考虑进入绿地。国外处理融雪剂的化学方法和基质，成本比较高。而考虑到盐碱化问题，如果做了地下水防渗，会造成大区域面积的板结，更多地可以采用物理和生物的方法去处理，如北方地区北京的景观水深达到 2m，2.5m 以上，效果会比较好，雨水量也要足够，达到水体的自净效果。当前不同尺度上，多大体积的水体、多深的水体可以达到自净的效果，是一个值得研究探讨的课题。同时，西部地区和滨海地区也存在一些不同。

11.海绵城市建设中在各部门协作过程和政府管理中，有哪些需要解决的问题呢？

姜工：一个时间问题，一个是程序问题。

（1）时间问题上，海绵城市有一个考核时间的限制，地方政府很难把控海绵城市建设的品质。

（2）我们在做项目时，遇到的最大问题是前期的基础数据和资料都未准备好，要求我们去出一个设计成果。同时在一些重要地块的决策中，需要很多轮的决策，这些都是非技术层面可以把控的。

（3）海绵城市建设过程中涉及诸多部门，而没有一个部门作为主导协调和其他部门的关系。

（4）海绵城市是一个很大的蛋糕，在市场上会出现各种各样的专家，这也是目前的一个困境。

邹总：海绵城市的建设，涉及众多部门，其中关系最密切的是水务部门和园林部门，国内很多公司是做项目时，进入各自的领域去做，以自己的领域为主导。但是海绵城市的类型不同，是需要重新去翻译设计的，如果不同专业跨界去做，最后的海绵城市建设会拿不出手，各个专业之间应该在明确自己边界领域的基础上，加深合作与理解。而在新时代中，海绵城市的建设需要加深理解与翻译，又更加深入地思考。

12.您认为从理解与"翻译"海绵城市的层面上，我们景观专业应该从哪些角度切入呢？

邹总：

（1）首先不要从数据出发，尤其是水专业方面，认为没有数据表格、工作无法进行下去。

（2）景观专业在国内发展几十年，在处理快速城镇化过程中，应该更多的是协调人与自然的关系，发挥缓冲空间的关系，而海绵城市的要求，是相对于原来的景观要求，多了一个功能的要求与发挥的点，我们在做项目过程中，不能只达到75%的控制率就可以了，是否考虑设计人与自然的关系，比如在小区尺度上，下沉式绿地有100种处理方法，但是可以设计一个平台，增加运动器件，让人来锻炼，这就把自然的问题转化成为一个为人功能性服务性的一个问题了，如在解决雨洪的同时增加小区的停车场，最终产生的效果与社会影响自然不同，过去三年我们很少看到这样的作品。

（3）目前的建设过于急躁，统一规划、统一设计、统一施工、被时间点卡住，其实可以统一规划，但不必统一施工，可以分步骤施工，我们需要的是化整为零，慢慢地有针对性地去做，美国西部很多城市，都是经过 20 年左右来反思观测去实践的，没有时间的论证是假生态，也会产生次生灾害如土壤污染等问题。

13. 如何使公众和设计人员更容易接受下沉式绿地的建设？

邹总：中国的景观设计师是在装饰性的教育背景和市场环境中成长起来的，装饰性的美是一种很单一的美。下沉式的绿地是一种生态的美，这需要一个审美观念的改变，这需要时间、舆论和媒体的引导。同时目前很多景观设计师目前还被排挤在外，没有进入这个领域中来思考，当下沉式空间做的极其丰富时，公众就会更容易接受它。景观设计中有一个不成文的规定是：人都往高处走，不太喜欢下沉式的空间，这个十分考验景观设计师的能力，这个其实可以结合露天剧场或者在更大尺度里面丰富空间的一种变化，多种设计手法的结合来处理。

14. 在您所接触的案例中，有哪些较为成功的海绵建设案例呢？

邹总：

（1）阿普贝思门前的雨水花园。

（2）鹿特丹的水广场的弹性设计。

（3）旧金山金门公园，整个公园下沉一百多公顷，平常时间人可以使用游玩。

（4）波特兰的艺术花园，保留了城市的原始地貌与下沉空间的结合，将艺术与生态结合得很好，处于整个场地中，也能够看得到波特兰在上百年的后工业发展实际当中，对铁路，对这种工业的这种历史印记记忆。所以我觉得它是很好的将人文、历史、地域、地貌和生态与人的使用结合得很好的一个案例。

15. 如果出台一部景观与海绵城市建设的规范，您觉得在规范中应该包括哪些层面呢？

邹总：

（1）景观的构成元素，比如材料，传统的建设方法中使用的材料比较高昂，不生态，很奢侈，其实是本末倒置、毫无意义，雨洪调蓄的理念应该是一种生态的理念。

（2）施工过程和植物的使用也应该很生态，考虑地域条件，地域性，把审美系统由单一的装饰性的视觉审美引导到一种健康性、触觉性、生态性、生产性的景观中去，避免用装饰性主义去解决一个生态问题。

（3）更考究的生态工法，比如柔性护岸、木桩护岸、生态护岸等。

16.您对于我国海绵城市的建设和绿地、景观的建设有哪些畅想与目前期盼需要改变的地方呢？

姜工：

（1）现行的规范和指南已不足以支持引导当前海绵城市的建设，这只是一个探索的开始，我更希望海绵城市的建设更加交互性、开放性。现行的专家参与到海绵城市建设中和顶层设计中，但对于海绵城市的建设指导性很微弱。海绵城市水方面应该是水文水利、排涝防洪、水生态，目前水专业方面的人比较多，需要更多规划设计与景观专业的人参与进来，增加专业参与的丰富度。

（2）项目建成以后要服务于人，所以应该增加对公众开放了解的通道和开口。

邹总：

（1）海绵城市的建设的主导模式是PPP模式，这两个都是比较新鲜的概念，所以就会增加很多新的人进来，很多做投资的人却不懂环境的人做主导，这个过程中消耗很多时间和精力。设计方、规划局、园林局等是服务于海绵城市的状态，但都无法做主，往往是资金方做主，这个模式有很大的问题。

（2）统一规划、统一设计、统一建设、统一施工，这个很有问题，它的面积太大了，而且模式单一，手法很简单，最终呈现的景观效果就会单一简单。

（3）增强行业之间协作的研发，不再出现比如0.1m的下沉空间，对于景观是一种巨大的伤害，对设计师和业主也会带来很多误导和误解。

（4）具体工程中，应该增加行业与专业之间的沟通理解与协作，数据和系统的东西可以由水专业的人员来做，具体的表象的东西应该由景观和规划专业的人来做，有一个系统性的规划，大家各司其职又互相配合。目前的专项规划有水专业的专项规划，但是没有景观专业的专项规划，这是一个缺失，也说明景观专业的作用和意义不能完全表达和去体现，我们对于园林的理解，中国传统的园林具有很强的主导性，而我们对于景观的理解应该不仅有装饰性，还有文化性、历史性、生态性、表达人的情感，这个十分重要。

业内人士访谈3

访谈时间：2018年1月5日上午

访谈人物：李俊奇，北京建筑大学环境与能源工程学院院长、城市雨水系统与水环境教育部重点实验室主任、教授，研究方向为城市雨洪控制与利用技术、水环境保护与修复、水资源与环境经济。

1. 您认为当前我国的绿地建设在我国的城市化发展过程中应该承担什么样的角色与作用呢？当前我国绿地建设与海绵城市建设有哪些冲突和亟待解决的问题？

答：传统的绿地主要承担休闲和生态的功能，而现在绿地发展在绿色发展、生态建设、城市弹性中承担更多的作用，如在海绵城市中承担大排水通道、源头减排、控制径流污染的作用，再兼顾原来的休闲、生态和景观功能。

2. 如果采用下沉式绿地建设，需要考虑的主要因素有哪些？

答：（1）竖向设计；

（2）植物选择；

（3）景观；

（4）安全，可能会导致塌陷以及车行道的安全；

（5）后期的养护管理等。

3. 如果在全国范围内利用绿地来做海绵城市的建设，由于各地自然环境条件差别过大，如何面对这些各地自然环境条件的差别？

答：（1）不同类型的场地，如停车场，会有漏油、磨损物的问题，城市道路污染可能更严重。可能会出现政策不及时、突发性暴雨事件、负荷加大等问题，小区则问题类型更不同，不同区域径流的原始浓度相差很多，需要各自分析相对应的问题。

（2）不同城市的降雨特征、水文地质特征、绿地性质、所在区域也同样存在很大差别，需要根据这几个方面来综合考虑。

4. 新建区绿地是否有必要以下沉式绿地率作为强制性的要求呢？对于已建成区和老城区，是否有必要将其改造成为下沉式绿地呢？

答：（1）无必要，避免出现一刀切的情况。

（2）新建区和老城区需要因地制宜，无条件下沉时则不必下沉，有条件下沉则可以下沉。

5. 如何解决下沉式绿地中淹水时间过长的问题？和径流污染及融雪剂对植物的影响呢？

答：（1）淹水时间过长可以设置一定的溢流高度、控制溢流出口控制溢流时间、选择合适的耐淹植物、更换合适的基质。

（2）径流污染对植物的影响：选择植物、合理的管理养护措施，提供与原来不同于高绿地的管养措施。

（3）冬季融雪剂的问题：减少融雪剂的使用、选择环保型的融雪剂、选用耐融雪剂的植物、对进入绿地之前的含融雪剂的径流弃流或分流。

6. 如何解决下沉式绿地中雨水进入绿地对土壤的污染和盐碱化问题呢？

答：（1）可以做预处理。

（2）有时雨水会在一定程度上缓解土壤盐碱化。

7. 绿地在海绵城市建设中，各部门协作与政府管理存在哪些问题，应该如何改变呢？

答：（1）实际中，往往是规划设计部门做了下沉式绿地等生物滞留设施和湿地等，有时园林部门会对植物和景观等方面考虑较多而不同意，对道路附属绿地来讲，道路交通部门也出于行车安全要求绿地高于路缘石等，出发点不同导致意见不统一。

（2）首先认识上各部门要达到统一，其次需要科学研究，解决人们的担心和顾虑，比如植物耐淹的问题、周边塌陷的问题，通过科学研究提供有理的证据，达成科学的认识。

8. 如果将人的安全考虑在内，如何把握下沉式绿地的下沉深度和设计参数呢？

答：因地制宜，结合景观做好竖向设计。加强标识提醒，当下沉深度较大时可以将坡度放缓，加强维护管理等。

9. 如何使公众和设计人员更容易接受下沉式绿地的建设？

答：（1）只有将景观做好，才可以吸引人。

（2）管养维护到位。

10. 在您所接触的案例中，海绵建设较成功有哪些案例呢？

答：（1）斯坦福大学、MIT 校园、明尼苏达大学等。

（2）亦庄停车场、怀柔 APEC 会址、宁波慈城新城、北京东方太阳城小区、深圳新城公园、白城鹤鸣湖片区、济南市委党校、池州齐山大道等。

11. 如果出台一部海绵城市背景下绿地建设的规范导则，在规范中应该包含哪些层面呢？

答：（1）海绵城市建设的原则、目标；

（2）规划的指导思想；

（3）绿地规模的计算方法、植物的选择；

（4）施工方法的指导。

12. 您对于我国海绵城市的建设和绿地、景观的建设有哪些畅想与目前期盼需要改变的地方呢?

答:(1)规划、园林、市政、建筑、环保、水利等各专业部门的人能够达到共识。最期盼的地方是有更多出色和景观做得好的项目。

(2)更多扎实深入的科学研究,比如植物选择、种植与修复技术、多功能绿地系统的设计等。

(3)在城市化发展中,要保住绿地,管控住绿地,使绿地空间不被侵占。

业内人士访谈 4

访谈时间:2017 年 12 月 25 日下午

访谈人物:张伟,北京建筑大学环境与能源工程学院讲师、博士,研究方向为城市雨洪控制与管理。

1. 您认为当前我国的绿地建设在我国的城市化发展过程中应该承担什么样的角色与作用呢?

答:城市绿地系统是城市生态系统的重要组成部分,按照传统设计理念,绿地建设更多考虑景观功能,结合目前海绵城市建设和国家生态文明建设和城镇可持续发展的需要,绿地系统也应承担雨水控制与利用等多种功能。

2. 您认为当前我国绿地建设与海绵城市建设有哪些冲突?有哪些亟待解决的问题?

答:个人观点,两者并无明显冲突。绿地系统建设应结合国家政策导向,转变思路,充分发挥绿地系统的多重功能。实际上只是绿地本身应该承担的功能之一,绿地承担的景观功能和雨水控制功能应该兼顾,而雨水控制并不需要所有的绿地都要下凹。

3. 如果在全国范围内采用下沉式绿地建设,由于各地自然环境条件差别过大,如何面对这些各地自然环境条件的差别?是否有必要在全国范围内建设下沉式绿地?

答:具体问题应该具体分析,下沉式绿地在我国不同地区建设应结合当地特点。如有些南方城市地下水位较高、土壤渗透性能差,这种情况应考虑原状土换填,采用具有较高渗透能力和净化能力填料,同时通过设施底部排水管。应该根据当地自然条件、降雨规律等多种因素,以及海绵城市建设专项规划和建设目标确定是否采用，不能一概而论。

4. 如何解决绿地中植物淹水时间过长的问题呢？

答：海绵城市建设相关工作已经开展四年有余，国内已经有多部海绵城市建设相关规范、标准、指南。《海绵城市建设技术指南》和相关规范中对下沉式绿地设计考虑了植物淹水时间，可通过合理选择植物类型、溢流口高程等控制设施积水时间。

5. 海绵城市建设在各部门协作过程和政府管理中，有哪些需要解决的问题呢？

答：海绵城市建设必然是多系统、多部门、多专业协同合作，才能有效推进、实施。应在充分理解海绵城市建设的内涵，打破可能存在的不同专业间的不理解，甚至壁垒，加强沟通理解。

6. 如果将人的安全考虑在内，如何把握下沉式绿地的下沉深度和设计参数呢？

答：结合现行规范要求，按照目前通常做法，如下沉式绿地下沉 5 ~ 10cm、生物滞留设施下沉 10 ~ 20cm，可能并无人身安全问题；而雨水湿塘、雨水湿地等设施，边坡度适当放缓，如需要，可设置警示牌、周边围挡设施。

7. 如何使公众和设计人员更容易接受下沉式绿地的建设？

答：加强公众宣传教育力度，丰富宣传途径，当然针对专业人士层面的专业学习、业务培训也是必要环节。

8. 对于已建成区和老城区，是否有必要将其改造成为下沉式绿地呢？新建区绿地是否有必要以下沉式绿地率作为强制性的要求呢？

答：新建区必须按照最严格的要求来达到雨洪控制利用的要求和指标，老城区可根据当地的自然条件因地制宜改造。

9. 如果出台一部绿地与海绵城市建设的规范，在规范中应该包含哪些层面呢？

答：这是一个比较复杂问题。需要涉及的内容很多，在这不能一一列出。但有两点应该考虑，一是明确绿地的多重功能的特点，明确城市绿地在海绵城市建设中定位；二是需要与现行海绵城市相关国家、行业标准协调。当然需要包含的还有很多。

10. 您对于我国海绵城市的建设和绿地、景观的建设有哪些畅想与目前期盼需要改变的地方呢？

答：绿地是实现海绵城市建设功能的重要载体之一，针对公众需要宣传教育、专业人士需要真正认识、理解海绵城市建设的内涵、目的，不同专业部门之间需要加深沟通和理解。

主要参考文献

1. ASLA. 2013 ASLA PROFESSIONAL AWARDS [EB/OL]. https://www.asla. org/2013awards1253.html

2. Bach P M, Mccarthy D T, Deletic A.Redefining the stormwater first flush phenomenon[J].Water Research, 2010, 44(8):2487-2498.

3. Benedict M A, Mc Mahon E T.Green Infrastructure[M].USA: Island Press, 2006.

4. Brown R R. Impediments to Integrated Urban Stormwater Management: The Need for Institutional Reform[J]. Environmental Management, 2005, 36(3):455.

5. Daywater Consortium. Review of the Use of stormwater BMPs in Europe.Technical Report. [EB/OL].http://daywater.enpc.fr/www.daywater.org/REPORT/D5-1.pdf, 2003.

6. Debo T N, Reese A. Municipal Stormwater Management, Second Edition[M]. CRC Press, 2014.

7. Department of Environmental Protection of New York City. NYC Green Infrastructure Plan-A Sustainable Strategy for Clean Waterways[EB/OL]. http:// www.docin.com/p-1770970562.html, 2010.

8. Eliot C. The Boston Metropolitan Reservations[J]. The New England Magazine, 1986(9): 26-35.

9. Fletcher T, Zinger Y, Deletic A, et al.Treatment efficiency of biofilters; results of a large-scale column study[C]// Engineers Australia, 2007.

10. Guillette A. Achieving Sustainable Site Design through Low Impact Development Practices. WBDG[EB/OL]. http://www.wbdg.org/resources/lidsitedesign. php?r=env_preferable_products, 2010.

11. High Point Community Site Drainage Technical Standards [M].SvR Design Company. 2004.

12. Kabbes K C, Windhanger S, Palmer R N. Sustainable Site Initiative - a rating system for green sites[A] // World Environmental and Water Resources Congress, Rhode Island, ASCE, 2010:4067-4075.

13. Lewis J F, Hatt B E, Deletic A, et al.The impact of vegetation on the hydraulic

conductivity of stormwater biofiltration systems[A]// International Conference on Urban Drainage. 2008:1-1

14. Lloyd S, Wong T, Chesterfield C. Water Sensitive Urban Design - A Stormwater Management Perspective (Industry Report)[J].Higher Education Research Data Collection Publications, 2002:1-38.

15. Low-Impact Development Center[EB/OL]. https://lowimpactdevelopment.org/, 2012.

16. Lucas W C, Greenway M. Nutrient Retention in Vegetated and Nonvegetated Bioretention Mesocosms[J].Journal of Irrigation & Drainage Engineering, 2008, 134(5):613-623.

17. New York State Department of Environmental Conservation. Better Site Design [EB/OL]. https://www.dec.ny.gov/docs/water_pdf/bsdcomplete.pdf, 2008.

18. Pennsylvania Stormwater Best Management Practices Manual,363-0300-002 / December 30, 2006.

19. Prickett L, Bicknell J. LID, LEED, and Alternative Rating Systems-Integrating Low Impact Development Techniques with Green Building Design[A]// Low Impact Development International Conference. 2010:798-809.

20. Read J, Fletcher T D, Wevill T, et al. Plant traits that enhance pollutant removal from stormwater in biofiltration systems[J]. International Journal of Phytoremediation, 2010, 12(4): 34-53.

21. Read J, Wevill T, Fletcher T, et al. Variation among plant species in pollutant removal from stormwater in biofiltration systems[J]. Water Research, 2008, 42(4-5):893.

22. Ross Barney Architects[EB/OL]. http://www.r-barc.com/financial-times-riverwalk-complex-urbane-intriguing/, 2009.

23. Shaw D, Schmidt R. Plants for Stormwater Design - Species Selection for the Upper Midwest. Edited by S. Brungardt, Designed by R. Harrison, Minnesota Pollution Control Agency, St. Paul, MN, 2003.

24. Tracy Tackett Seattle. Seattle's Policy and Pilots to Support Green Stormwater Infrastructure [A]// 2008 International Low Impact Development Conference. Washington: Environmental and Water Resources Institute of ASCE, 2008.

25. U.S. Green Building Council. LEED 2009 for Neighborhood Development Rating

System [EB/OL]. http://www.cnu.org/leednd, 2009.

26. Wang S S, Li H T, Wang C, et al. Green infrastructure based on stormwater management: The case of New York City green infrastructure plan and its enlightment[A]// 2011 AASRI Conference on Environmental Management and Engineering, 2011.

27. Xiang W N. Doing real and permanent good in landscape and urban planning: Ecological wisdom for urban sustainability[J]. Landscape & Urban Planning, 2014, 121(1):65-69.

28. 北京市潮白河管理处 . 潮白河水旱灾害 [M]. 北京：中国水利水电出版社，2004.

29. 北京市环保局 . 北京市密云水库怀柔水库和京密引水渠水源保护管理条例 [EB/OL]. http: //www.bjepb.gov.cn/bjhb/publish/portal0/tab410/info13758.htm.

30. 北京市计划委员会国土处 . 北京市国土资源地图集 [M]. 北京：测绘出版社，1990.

31. 北京市水利局 . 北京水旱灾害 [M]. 北京：中国水利水电出版社，1999.

32. 北京市水务局 . 北京市发改委 . 北京市"十一五"时期水资源保护及利用规划 . http: //www.beijing.gov.cn/zfzx/ghxx/sywgh/t662749.htm

33. 北京市水务局 . 北京市水资源公报（2007 年度）[EB/OL]. http: //www.bjwater. gov.cn/Portals/0/image/2007szygb. pdf.

34. 北京市水务局 . 北京市水资源公（2000 度）[EB/OL]. http: //www.bjwater.gov. cn/bjwater/300795/index.html

35. 查尔斯·A. 弗林克，克里斯汀·奥卡，罗伯特·M. 赛恩思，弗林克，奥卡等 . 21 世纪慢行道：多功能慢行道的规划、设计及管理手册 [M]. 北京：电子工业出版社，2016.

36. 北京市潮白河管理处 . 潮白河水旱灾害 [M]. 北京：中国水利水电出版社，2004.

37. 朝阳区水利局 . 朝阳区水旱灾害 [M]. 北京：中国水利水电出版社，2004.

38. 车伍，李俊奇 . 城市雨水利用技术与管理 [M]. 北京：中国建筑工业出版社，2006.

39. 车伍,刘燕,李俊奇 . 国内外城市雨水水质及污染控制 [J]. 给水排水,2003,(10): 38-42.

40. 车伍，闫攀，李俊奇，赵杨 . 低影响开发的本土化研究与推广 [J]. 建设科技，2013（23）: 50-52.

41. 车伍，张燕，李俊奇，刘红，何建平，孟光辉，汪宏玲 . 城市雨洪多功能调蓄

技术 [J]. 给水排 水，2005（09）：25-29.

42. 程慧,王思思,刘宇.海绵城市弹性基础设施的建设—以台湾生态滞洪池为例 [J]. 南方建筑，2015（03）：54-58.

43. 程慧.城市绿色基础设施规划方法和布局优化研究 [D]. 北京建筑大学，2015.

44. 程慧，王思思，车伍，刘宇.2014 版《绿色建筑评价标准》雨水控制利用目标 的实现途径分析 [A]// 国际绿色建筑与建筑节能大会暨新技术与产品博览会. 2015：181-186.

45. 丰台区水利局.丰台水旱灾害 [M]. 北京：中国水利水电出版社，2003.

46. 北京市市政工程设计研究总院.给水排水设计手册（6）：工业排水 [M]. 北京： 中国建筑工业出版社，2002.

47. 何春阳,史培军,陈晋,周宇宇.北京地区土地利用 / 覆盖变化研究 [J]. 地理研究， 2001（06）：679-687-772.

48. 黄献明.精明增长 + 绿色建筑：LEED-ND 绿色住区评价系统简介 [J]. 现代物业 （上旬刊），2011，10（07）：10-11.

49. 建设部综合财务司.中国城市建设统计年鉴 2007. http：//www.bjinfobank.com/ IrisBin/Text.dll?db=TJ&no=421042&cs=479505&str= 北京 + 建成区 + 面积.

50. 贾珺.北京私家园林的理水艺术 [J]. 中国园林，2007，23（3）：57-59.

51. 杰克·埃亨，周啸.生物多样性给风景园林师带来的挑战和机遇 [J]. 风景园林， 2011（03）：140-145.

52. 里昂，王思思，袁冬海，李海燕.旱涝灾害威胁下的城乡水适应性景观特征 及影响因素——以山西晋中为例 [J]. 干旱区资源与环境，2018，32（04）： 183-188.

53. 李王鸣，刘吉平.精明、健康、绿色的可持续住区规划愿景——美国 LEED-ND 评估体系研究 [J]. 国际城市规划，2011，26（05）：66-70.

54. 刘保莉，曹文志.可持续雨洪管理新策略—低影响开发雨洪管理 [J]. 太原师范 学院学报（自然科学版），2009，8（02）：111-115.

55. 刘保莉.雨洪管理的低影响开发策略研究及在厦门岛实施的可行性分析 [D]. 厦 门大学，2009.

56. 刘畅,王思思,王文亮,王二松.中国古代城市规划思想对海绵城市建设的启示— 以江苏省宜兴市为例 [J]. 中国勘察设计，2015（07）：46-51.

57. 刘丽，畅倩，姜志德.生态技术识别方法研究（英文）[J].Journal of Resources and Ecology，2017，8（04）：332-340.

58. 刘丽君，王思思，张质明，董音. 多尺度城市绿色雨水基础设施的规划实现途径探析 [J]. 风景园林，2017（01）：123-128.

59. 刘丽君. 绿色基础设施雨洪调蓄能力评估和优化研究—以北京建筑大学大兴校区为例 [D]. 北京建筑大学，2017.

60. 牟凤云，张增祥，迟耀斌，刘斌，周全斌，王长有，谭文彬. 基于多源遥感数据的北京市 1973—2005 年间城市建成区的动态监测与驱动力分析 [J]. 遥感学报，2007（02）：257-268.

61. 欧仁妮·L·伯奇，苏珊·M·瓦赫特. 绿意城市：21 世纪城市的可持续性 [M]. 北京：中国建筑工业出版社，2015.

62. 潘国庆，车伍，李俊奇，李海燕. 中国城市径流污染控制量及其设计降雨量 [J]. 中国给水排水，2008，24（22）：25-29.

63. 钱易，刘昌明，邵益生. 中国城市水资源可持续开发利用 [M]. 北京：中国水利水电出版社，2002.

64. 宋云，俞孔坚. 构建城市雨洪管理系统的景观规划途径—以威海市为例 [J]. 城市问题，2007（8）：64-70.

65. 搜狐网. 世界著名生态屋顶绿化经典案例 [EB/OL]. https://www.sohu.com/a/224590195_749103，2018.

66. 苏义敬. 城市绿地雨洪控制利用关键技术及雨水系统布局优化研究 [D]. 北京建筑大学，2014.

67. 孙奎利，孙奎勇，杨波. 国外雨水花园建设实践及经验启示 [J]. 山西建筑，2014，19：216-218.

68. 汤国安，杨玮莹，秦鸿儒，余松涛. GIS 技术在黄土高原退耕还林草工程中的应用 [J]. 水土保持通报，2002，22（5）：46-50.

69. 王佳. 基于低影响开发的场地景观规划设计方法研究 [D]. 北京建筑大学，2013.

70. 王佳，王思思，车伍. 低影响开发与绿色雨水基础设施的植物选择与设计 [J]. 中国给水排水，2012，28（21）：45-47+50.

71. 王佳，王思思，车伍. 从 LEED-ND 绿色社区评估体系谈低影响开发在场地规划设计中的应用 [A]. 第九届国际绿色建筑与建筑节能大会论文集——S08：低碳生态城区与绿色建筑 [C]. 中国城市科学研究会、中国绿色建筑与节能专业委员会、中国生态城市研究专业委员会、中城科绿色建材研究院，2013：10.

72. 王佳，王思思，车伍，李俊奇. 雨水花园植物的选择与设计 [J]. 北方园艺，2012（19）：77-81.

73. 王思思. 国外城市雨水利用的进展 [J]. 城市问题，2009（10）：79-84.

74. 王思思. 北京市景观生态安全格局的演变与评价 [D]. 北京大学，2010.

75. 王思思. 城乡水危机和海绵城市建设对风景园林专业提出的挑战及对策 [J]. 风景园林，2015（04）：111-112.

76. 王思思，苏义敬，车伍，李俊奇. 景观雨水系统修复城市水文循环的技术与案例 [J]. 中国园林，2014，30（01）：18-22.

77. 王思思，程慧，王建龙，张雅君，冯萃敏，车伍，李俊奇.《嘉兴市分散式雨水控制利用系统技术导则》编制概要 [J]. 中国给水排水，2014（21）：139-142.

78. 王思思，李畅，李海燕，袁东海. 老城排水系统改造的绿色方略——以美国纽约市为例 [J]. 国际城市规划，2018，33（03）：141-147.

79. 王思思，吴文洪. 低影响开发雨水设施的植物选择与设计 [J]. 园林，2015（7）：16-20.

80. 王思思，张丹明. 澳大利亚水敏感城市设计及启示 [J]. 中国给水排水，2010，26（20）：64-68.

81. 于迪. 绿色雨水基础设施格局对雨洪控制效果的影响及成本效益分析 [D]. 北京建筑大学，2016.

82. 于立，单锦炎. 西欧国家可持续性城市排水系统的应用 [J]. 国际城市规划，2004，19（3）：51-56.

83. 于一凡，田达睿. 生态住区评估体系国际经验比较研究—以 BREEAM-ECOHOMES 和 LEED-ND 为例 [J]. 城市规划，2009（8）：59-62.

84. 俞孔坚，王思思，李迪华，李春波. 北京市生态安全格局及城市增长预景 [J]. 生态学报，2009，29（03）：1189-1204.

85. 俞孔坚，王思思，李迪华. 区域生态安全格局：北京案例 [M]. 北京：中国建筑工业出版社，2012.

86. 俞孔坚，轰伟，李青，袁弘."海绵城市"实践：北京雁栖湖生态发展示范区控规及景观规划 [J]. 北京规划建设，2015（01）：26-31.

87. 俞绍武，任心欣，胡爱兵. 深圳市光明新区雨洪利用目标及实施方法探讨 [J]. 城市规划学刊，2010（S1）：97-100.

88. 臧敏. 北京城市积涝的减灾措施和对策研究 [J]. 北京水务，2009（02）：4-6.

89. 张立. 美国佛罗里达生态工程典范之三：世界人工淡水湿地——大沼泽生态恢复区 [J]. 湿地科学与管理，2013（3）：42-43.

90. 张善峰，王剑云. 绿色街道——道路雨水管理的景观学方法 [J]. 中国园林，

2012，28（1）：25-30.

91. 张炜，车伍，李俊奇，陈和平. 植被浅沟在城市雨水利用系统中的应用 [J]. 给水排水，2006（08）：33-37.

92. 张伟，车伍，王建龙，王思思. 利用绿色基础设施控制城市雨水径流 [J]. 中国给水排水，2011，27（04）：22-27.

93. 张伟，车伍. 海绵城市建设内涵与多视角解析 [J]. 水资源保护，2016，32（06）：19-26.

94. 张饮江，黄薇，罗坤，等. 上海世博园后滩湿地大型底栖动物群落特征与环境分析 [J]. 湿地科学，2007，5（4）：326-333.

95. 周翠宁，任树梅，闫美俊. 曲线数值法（SCS 模型）在北京温榆河流域降雨 - 径流关系中的应用研究 [J]. 农业工程学报，2008（03）：87-90.

96. 中华人民共和国住房和城乡建设部. 海绵城市建设技术指南—低影响开发雨水系统构建（试行）[M]. 北京：中国建筑工业出版社，2015.

97. 《建筑与小区雨水控制及利用工程技术规范》GB 50400-2016

98. 《室外排水设计规范》GB 50014-2006（2016 年版）

99. 《绿色建筑评价标准》GB/T 50378-2014

100. 《公园设计规范》GB/T 51192-2016

101. 《防洪标准》GB 50201-2014

102. 《城市绿地设计规范》GB 50420-2016

103. 《城市排水工程规划规范》GB 50318-2017

104. 《城市雨水调蓄工程技术规范》GB 51174-2017

105. 《城镇内涝防治技术规范》GB 51222-2017

106. 《城市道路设计规范》CJJ 37-2016

107. 《种植屋面工程技术规程》JGJ 155-2013

108. 《雨水控制与利用工程设计规范》DB 11-685-2013

基金资助

本书的研究与出版得到了如下项目的资助：国家自然科学基金青年基金项目"城市绿地景观格局对雨洪过程和雨水系统效果的影响及优化调控研究"（51208020），国家自然科学基金面上项目"建筑与小区绿地的径流削减效果影响因子及径流系数研究"（31870704），国家水专项"城市道路与开放空间低影响开发雨水系统研究与示范"（2010ZX07320-002），国家水专项"河网城市雨水径流污染控制与生态利用关键技术研究与工程示范"子课题"河网城市雨水径流控制与利用关键研究与示范"，国家留学基金（201409960001），住房和城乡建设部科技项目"《城市绿地雨水控制利用规划设计导则》编制研究"（城建 [2015] 园林绿化第 06 号），北京建筑大学市属高校基本科研业务费专项资金资助项目（X18180）。在此对资助机构和研究团队表示敬意和感谢！

本书贡献者

本书凝聚了很多人的贡献，除封面所列作者外，王佳、苏义敬、程慧、王文亮、孙喆、毛坤、赵杨、王建龙、于迪、吴文洪、刘丽君、刘畅、王二松、刘宇、黄静岩、仝贺、里昂、许露、李畅、李瀚涛、王辰、李斌、张岩、冶福有、刘谦等提供了部分文字初稿，或参与了文字整理和绘图工作。邹裕波、刘砾莎、栾博、邵文威、周浩、赵杨等提供了第十一章的项目案例素材。强健、邹裕波、姜斯淇、张伟等提供了访谈机会。由于项目参与人数较多，历时较久远，还有贡献者可能被遗漏，请见谅，并请与本书作者联系，十分感谢。

后 记

　　本书的出版离不开北京建筑大学雨水系统和水环境团队各位老师和研究生、本科生们的辛勤付出，他们直接或间接地参与了本书相关研究工作，其部分研究成果为本书提供了重要支撑，在此表示诚挚的感谢。

　　本书中的案例在研究过程中得到了以下单位的大力支持：北京市国土资源局和规划勘测中心，北京大学建筑与景观设计学院（北京市生态安全格局项目）。宁波市住房和城乡建设委员会，宁波城建设计研究院，北京建工建筑设计研究院，浙江大学宁波理工学院（宁波市海绵城市试点城市实施方案项目）。嘉兴市市政园林局，嘉兴规划院（《嘉兴市分散式雨水控制利用系统技术导则》编制）。中国城市建设研究院有限公司（《公园设计规范》修订）。如有遗漏，还请谅解。

　　感谢阿普贝斯景观公司邹裕波、北京一方天地环境景观规划设计咨询有限公司首席设计师栾博、北京京林联合景观规划设计有限公司周浩、原北京园林绿化局副局长强健、北京雨人润科生态技术有限责任公司赵杨、北京建筑大学张伟等提供的案例素材和访谈机会。

　　感谢北京建筑大学诸位同事的指导和帮助，以及环能学院和学校相关部门、学院和领导的支持与关心。

　　感谢中国建筑工业出版社段宁编辑一如既往的信任与支持，本书的出版离不开编审和主管领导的辛勤付出。

　　感谢城市雨水和海绵城市建设领域的研究者、实践者，你们给我们提供了前进的方向和动力，使我们在前行的道路上有那么多的指引者、陪伴者。

　　最后感谢挚爱的家人，你们的无私支持与鼓励是我们前进的持久动力。

王思思

2019 年 6 月于北京